U0298175

文章精选自《读者》杂志

# 一鲸落，万物生

读者杂志社——编

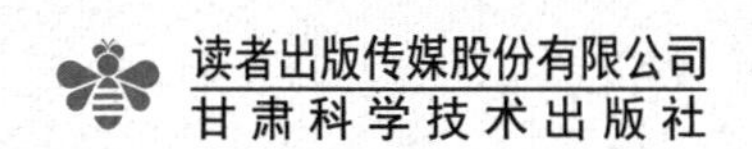

图书在版编目（CIP）数据

一鲸落，万物生 / 读者杂志社编. -- 兰州 : 甘肃科学技术出版社，2021.7（2024.1重印）
ISBN 978-7-5424-2835-6

Ⅰ. ①一… Ⅱ. ①读… Ⅲ. ①生态学—普及读物
Ⅳ. ①Q14-49

中国版本图书馆CIP数据核字(2021)第097331号

**一鲸落，万物生**

读者杂志社　编

项目策划　宁　恢
项目统筹　赵　鹏　侯润章　宋学娟　杨丽丽
项目执行　杨丽丽　史文娟
策划编辑　周广挥　马逸尘　韩维善

项目团队　星图说
责任编辑　陈　槟
封面设计　吕宜昌
封面绘图　于沁玉

出　版　甘肃科学技术出版社
社　址　兰州市城关区曹家巷1号　730030
电　话　0931-2131570（编辑部）　0931-8773237（发行部）

发　行　甘肃科学技术出版社　　印　刷　唐山楠萍印务有限公司
开　本　787毫米×1092毫米　1/16　印　张　13　插　页　2　字　数　200千
版　次　2021年7月第1版
印　次　2024年1月第2次印刷
书　号　ISBN 978-7-5424-2835-6　　定　价：48.00元

图书若有破损、缺页可随时与本社联系：0931-8773237

# 摘尽枇杷一树金

## ——写在“《读者》人文科普文库·悦读科学系列”出版之时

甘肃科学技术出版社新编了一套“《读者》人文科普文库·悦读科学系列”，约我写一个序。说是有三个理由：其一，丛书所选文章皆出自历年《读者》杂志，而我是这份杂志的创刊人之一，也是杂志最早的编辑之一；其二，我曾在1978—1980年在甘肃科学技术出版社当过科普编辑；其三，我是学理科的，1968年毕业于兰州大学地质地理系自然地理专业。斟酌再三，勉强答应。何以勉强？理由也有三，其一，我已年近八秩，脑力大衰；其二，离开职场多年，不谙世事多多；其三，有年月没能认真地读过一本专业书籍了。但这个提议却让我打开回忆的闸门，许多陈年往事浮上心头。

记得我读的第一本课外书是法国人儒勒·凡尔纳的《海底两万里》，那是我在甘肃武威和平街小学上学时，在一个城里人亲戚家里借的。后来又读了《八十天环游地球》，一直想着一个问题，假如一座房子恰巧建在国际日期变更线上，那是一天当两天过，还是两天当一天过？再后来，上中学、大学，陆续读了英国人威尔斯的《隐身人》《时间机器》。最爱读俄罗斯裔美国人艾萨克·阿西莫夫的作品，这些引人入胜的故事，让我长时间着迷。还有阿西莫夫在科幻小说中提出的“机器人三定律”，至今依然运用在机器人科技上，真让人钦佩不已。大学我学的是地理，老师讲到喜马拉雅山脉的形成，是印澳板块和亚欧板块冲击而成的隆起。板块学说缘于一个故事：1910年，年轻的德国气象学家魏格纳因牙疼到牙医那里看牙，在候诊时，偶然盯着墙上的世界地图看，突然发现地图上大西洋两岸的巴西东端的直角突出部与非洲西海岸凹入大陆的几内亚湾非常吻合。他顾不上牙痛，飞奔回家，用硬纸板复制大陆形状，试着拼合，发现非洲、印度、澳大利亚等大陆也可以在轮廓线上拼合。以后几年他又根据气象学、古生物学、地质学、古地极迁移等大量证据，于1912年提出了著名的大陆漂移说。这个学说的大致表达是中生代地球表面存在一个连在一起的泛大陆，经过2亿多年的漂移，形成了现在的陆地和海洋格局。魏格纳于1930年去世，又过了30年，板块构造学兴起，人们才最终承认了魏格纳的学说是正确的。

我上学的时代，苏联的科学学术思想有相当的影响。在大学的图书馆里，可以读到一本俄文版科普杂志《Знание-сила》，译成中文是《知识就是力量》。当时中国也有一本科普杂志《知识就是力量》。20 世纪五六十年代，中国科学教育界的一个重要的口号正是“知识就是力量”。你可以在各种场合看到这幅标语张贴在墙壁上。

那时候，国家提出实现“四个现代化”的口号，为了共和国的强大，在十分困难的条件下，进行了“两弹一星”工程。1969 年，大学刚毕业的我在甘肃瓜州一个农场劳动锻炼，深秋的一个下午，大家坐在戈壁滩上例行学习，突然感到大地在震动，西南方向地底下传来轰隆隆的声音，沉闷地轰响了几十秒钟，大家猜测是地震，但那种长时间的震感在以往从来没有体验过。过了几天，报纸上公布了，中国于 1969 年 9 月 23 日在西部成功进行了第一次地下核试验。后来慢慢知道，那次核试验的地点距离我们农场少说也有 1000 多千米。可见威力之大。“两弹一星”工程极大地提高了中国在世界上的地位，成为国家民族的骄傲。科技在国家现代化强国中的地位可见一斑。

到了 20 世纪 80 年代，随着改革开放时期来到，人们迎来“科学的春天”，另一句口号被响亮地提出来，那就是“科学技术是第一生产力”，是 1988 年邓小平同志提出来的。1994 年夏天，甘肃科学技术出版社《飞碟探索》杂志接待一位海外同胞，那位美籍华人说他有一封电子邮件要到邮局去读一下。我们从来没有听说过什么电子的邮件，一同去邮局见识见识。只见他在邮局的电脑前捣鼓捣鼓，就在屏幕上打开了他自己的信箱，直接在屏幕上阅读了自己的信件，觉得十分神奇。那一年中国的互联网从教育与科学计算机网的少量接入，转而由中国政府批准加入国际互联网。这是一个值得记住的年份，从此，中国进入了互联网时代，与国际接轨变成了实际行动。1995 年开始中国老百姓可以使用网络。个人计算机开始流行，花几千块钱攒一个计算机成为一种时髦。通过计算机打游戏、网聊、在歌厅点歌已是平常。1996 年，《读者》杂志引入了电子排版系统，告别了印刷的铅与火时代。2010 年，从《读者》杂志社退出多年后，我应约接待外地友人，去青海的路上，看到司机在熟练地使用手机联系一些事，好奇地看了看那部苹果手机，发现居然有那么多功能。其中最让我动心的是阅读文字的便捷，还有收发短信的快速。回家后我买了第一部智能手机。然后做出了一个对我们从事的出版业最悲观的判断：若干年以后，人们恐怕不再看报纸杂志甚至图书了。那时候人们的视线已然逐渐离开纸张这种平面媒体，把眼光集中到手机屏幕上！这个转变非同小可，从此以后报刊杂志这些纸质的平面媒体将从朝阳骤变为夕阳。而这一切，却缘于智能手机。激动之余，写了一篇“注重出版社数字出版和数字传媒建设”的参事意见上报，后来不知下文。后来才知道世界上第一部智能手机是 1994 年发明的，十几年后才在中国普及。2012 年 3 月的一件大事是中国腾讯的微信用户突破 1 亿，从此以后的 10 年，人们已经是机不离身、眼不离屏，手机成为现代人的一个“器官”。想想，你可以在手机上做多少件事情？那是以往必须跑腿流汗才可以完成的。这便是科学技术的力量。

改革开放 40 多年来，中国的国力提升可以用翻天覆地来表述。我们每一个人都可以切身感受到这些年科学技术给予自己的实惠和福祉。百年前科学幻想小说里描述的那些梦想，已然一一实现。仰赖于蒸汽机的发明，人类进入工业革命时代；仰赖于电气的发明，人类迈入现代化社会；仰赖于互联网的发明，人类社会成了小小地球村。古代人形容最智慧的人是“秀才不出门，能知天下事”，现在人人皆可以轻松做到“秀才不出门，能做天下事”。在科技史中，哪些是影响人类的最重大的发明创造？中国古代有造纸、印刷术、火药、指南针四大发明。也有人总结了人类历史上十大发明，分别是交流电（特斯拉）、电灯（爱迪生）、计算机（冯·诺伊曼）、蒸汽机（瓦特）、青霉素（弗莱明）、互联网（始于 1969 年美国阿帕网）、火药（中国古代）、指南针（中国古代）、避孕技术、飞机（莱特兄弟）。这些发明中的绝大部分发生在近现代，也就是 19、20 世纪。有人将世界文明史中的人类科技发展做了如是评论：如果将 5000 年时间轴设定为 24 小时，近现代百年在坐标上仅占几秒钟，但这几秒钟的科技进步的意义远远超过了代表 5000 年的 23 时 59 分 50 多秒。

科学发明根植于基础科学，基础科学的大厦由几千年来最聪明的学者、科学家一砖一瓦地建成。此刻，忽然想到了意大利文艺复兴三杰之一的拉斐尔（1483—1520）为梵蒂冈绘制的杰作《雅典学院》。在那幅恢宏的画作中，拉斐尔描绘了 50 多位名人。画面中央，伟大的古典哲学家柏拉图和他的弟子亚里士多德气宇轩昂地步入大厅，左手抱着厚厚的巨著，右手指天划地，探讨着什么。环绕四周，50 多个有名有姓的人物中，除了少量的国王、将军、主教这些当权者外，大部分是以苏格拉底、托勒密、阿基米德、毕达哥拉斯等为代表的科学家。

所以，仰望星空，对真理的探求是人类历史上最伟大的事业。有一个故事说，1933 年纳粹希特勒上台，他做的第一件事是疯狂迫害犹太人。于是身处德国的犹太裔科学家纷纷外逃跑到国外，其中爱因斯坦隐居在美国普林斯顿。当地有一所著名的研究机构——普林斯顿高等研究院。一天，院长弗莱克斯纳亲自登门拜访爱因斯坦，盛邀爱因斯坦加入研究院。爱因斯坦说我有两个条件：一是带助手；二是年薪 3000 美元。院长说，第一条同意，第二条不同意。爱因斯坦说，那就少点儿也可以。院长说，我说的“不同意”是您要的太少了。我们给您开的年薪是 16000 美元。如果给您 3000 美元，那么全世界都会认为我们在虐待爱因斯坦！院长说了，那里研究人员的日常工作就是每天喝着咖啡，聊聊天。因为普林斯顿高等研究院的院训是“真理和美”。在弗莱克斯纳的理念中，有些看似无用之学，实际上对人类思想和人类精神的意义远远超出人们的想象。他举例说，如果没有100年前爱因斯坦的同乡高斯发明的看似无用的非欧几何，就不会有今天的相对论；没有1865年麦克斯韦电磁学的理论，就不会有马可尼因发明了无线电而获得1909年诺贝尔物理学奖；同理，如果没有冯·诺伊曼在普林斯顿高等研究院里一边喝咖啡，一边与工程师聊天，着手设计出了电子数字计算机，将图灵的数学逻辑计算机概念实用化，就不会有人人拥有手机，须臾不离芯片的今天。

对科学家的尊重是考验社会文明的试金石。现在的青少年可能不知道，近在半个世纪前，我们所在的大地上曾经发生过反对科学的事情。那时候，学者专家被冠以“反动思想权威”予以打倒，“知识无用论”甚嚣尘上。好在改革开放以来快速而坚定地得到了拨乱反正。高考恢复，人们走出国门寻求先进的知识和技术。以至于在短短40多年，国门开放，经济腾飞，中国真正地立于世界之林，成为大国、强国。

虽说如此,人类依然对这个世界充满无知,发生在2019年的新冠疫情,就是一个证明。人类有坚船利炮、火星探险，却被一个肉眼都不能分辨的病毒搞得乱了阵脚。这次对新冠病毒的抗击，最终还得仰仗疫苗。而疫苗的研制生产无不依赖于科研和国力。诸如此类，足以证明人类对未知世界的探索才刚刚开始。所以，对知识的渴求，对科学的求索，是我们永远的实践和永恒的目标。

在新时代，科技创新已是最响亮的号角。既然我们每个人都身历其中，就没有理由不为之而奋斗。这也是甘肃科学技术出版社编辑这套图书的初衷。

写到此处，正值酷夏，读到宋代戴复古的一首小诗《初夏游张园》：

乳鸭池塘水浅深，

熟梅天气半晴阴。

东园载酒西园醉，

摘尽枇杷一树金。

我被最后一句深深吸引。虽说摘尽了一树枇杷，那明亮的金色是在证明，所有的辉煌不都源自那棵大树吗？科学正是如此。

胡亚权

2021年7月末写于听雨轩

# 目录

# 大自然的迷局

明前茶

南瓜园里，南瓜的小苗刚刚露头时，萤火虫就拿它当鲜嫩的点心来啃食，几只萤火虫就能把它啃得麻麻点点，让可怜的南瓜苗断了生机。

农场的老周为我们示范怎样为柔弱的小苗驱赶萤火虫：他从镇上学校食堂里搜罗来成筐的鸡蛋壳，用火钳夹着，逐一在火苗上燎烤，直到鸡蛋壳发出微微的焦气。然后，再搜罗一些竹筷，钳断筷子做成小棍，在南瓜苗的近旁用小棍支起烧焦了的鸡蛋壳，如同撑起一顶顶迷你的华盖。

萤火虫惧怕焦蛋壳的气味，有了这个防护措施，它们就避而远之了。等南瓜苗长大，伸展出日新月异的牵藤，叶子转眼间比巴掌还要大，农人们就不管萤火虫来不来吃了。喷杀虫药的办法是他们绝对不喜欢的。

王 青┆图

夏日的菜园，怎能没有萤火虫飞舞？在农场里，萤火虫绝对不算对农作物危害最大的害虫，根本不需要用农药来喷杀。

南瓜花开了，农场小孩的夏日游戏，就是蹑手蹑脚走近南瓜花（一般是雄花），右手将花瓣口猛地拢紧，左手掐下花柄，数只萤火虫就由此“入瓮”了。回家后用瓶子把萤火虫装起来，就成了蚊帐里的一盏小灯——亮莹莹的幻想之灯。这种捉虫法，就像跟萤火虫做游戏。被孩子折下来的南瓜花，虽然已经被萤火虫啃出小洞，也会被裹上面糊油炸了当茶点，不会浪费。

相比之下，喷药是最没有长远眼光的做法。吃了被药放翻的虫子，鸟雀也会中毒的。鸟雀遭毒杀，大自然原本不动声色勾连着的生物链被粗暴地扯断，第二年的虫害会变本加厉。

但鸟雀也是要防的。以梨园为例，如果不防鸟，梨子长到乒乓球大小，就会被鸟儿东一口、西一口啄出很多洞。梨子还在幼年时期，就毁了。因此，梨子结出来没多久就要被套上小袋子，隔一段时间还要换大袋。这是相当考验人眼、心、手能否合一的体力活：每人肚子上系一个褡裢式的围兜，纸袋就放在围兜里，左手拿出一小沓纸袋，右手飞快地抽、捻、套，用订书机咔嚓一下封口。专注的熟手，扛着沉重的铁梯爬上爬下，一天能套十多棵树，数千只梨子。可有一件事相当奇怪：就算藏在枝条缝隙里的梨子，他们套起来也没有一个漏网的，但偏偏漏过了向阳面的几只梨。

梨园老板说："那是给鸟留着的。梨不留，鸟不来，梨园里的害虫就会泛滥成灾。"套了袋子也不解决问题？是的，因为梨子需要呼吸，袋口不能封得太死，食心虫完全有缝隙钻进去。这样，套了袋还需再除虫。而除虫就要去袋喷药，那可耗费人工。

于是，最好的办法还是留下向阳处最醒目、最甜美的果实，邀请吃虫的鸟儿来驻留。鸟雀的啄食，肯定也除不尽所有的害虫，但有什么关系？有虫眼的梨子收下来，就不卖了，秋天他们会自己熬一些秋梨膏来吃。

农人讲不出"和谐共生"之类的大道理，他们只知道梨子、鸟雀、害虫之间的微妙牵制是大自然布下的迷局，他们宽容地笑着说："要留有余地，因为大家都要过下去。"

# 双面母豺

蒋骁飞

亚洲豺是群居动物，它们通常以“家庭”为单位组成一个小集体，共同生活、共同防御、共同捕食。在这个集体中，成年公豺是头领，它带领着成年母豺和孩子们在弱肉强食的动物世界里战斗。

一个以美国动物学家为主组成的摄制组，却在一片丘陵地带意外发现了一个没有“头领”的豺群。在这个群体中，只有一只成年母豺和七八只未成年的豺崽。按道理，这样的豺群是不应该存在的，要么母豺带着它的孩子们投奔别的豺群，要么招赘新的公豺成为家庭的“顶梁柱”。但摄制组跟踪拍摄了一周后，也未在这个豺群所属领地上看到一只成年公豺活动的踪影。同时，他们发现了一个特别的现象：那只母豺像公豺一样性情凶猛，胆大力强，凡与之遭遇的大小动物无不畏惧而逃；孩子们尽管尚未成年，但在它的带领下，不但捕获了足够的食物，而且有力地维护了领地的完整性。在这个豺群中，这只母豺俨然就是“头领”，尽管母兽成为头领在猛兽世界中极为罕见。

在随后的拍摄中，动物学家们又有了一个惊人发现，这个豺群并不是没有成年公豺！在豺群领地的边缘，在一片灌木丛里的一个被遗弃的陷阱中，人们发现了它。这个陷阱大约只有1.5米深，但对于身材矮小的亚洲豺来说，依然是难以逾越的壁垒，如果不借助外力，它永远不可能逃出囹圄。而且种种迹象表明，它掉入陷阱已有一段时日。但让人疑惑的是，当摄制组发现这只公豺的时候，它却在陷阱底部安然酣睡，在它的身边还遗留着半只没有吃完的野兔，它全然没有身陷囹圄后的烦躁和绝望。

谜底不久就揭晓了。傍晚时分，动物学家们看见，母豺叼着食物带着它的孩子们来到陷阱边。陷阱中的公豺似乎已经形成条件反射，正翘首以待每天定时送来的美餐。

公豺饱餐之后，对着上方的母豺和孩子们久久凝望，并发出低柔的叫声，似乎在表达着感激和愧疚之情，又似乎在倾诉内心的思念。

突然，母豺背朝陷阱，扬起前爪，使劲而快速地刨起陷阱边缘的泥土，过了一会儿又换成后腿，重复着同样的动作。躲在一旁的摄制组感到很不解，不知道母豺要干什么。当镜头拉近时，他们惊异地发现，在灌木浓密枝叶的掩盖下，早有一条连着陷阱的沟壑。人们立刻明白，这只母豺要掘出一条通道来拯救自己的丈夫！当这条沟壑足够深的时候，它就是一个台阶，公豺可以首先跃上台阶，然后再跳上地面……现在，这条沟壑已有20厘米深，如果再掘四五十厘米，公豺就能凭借自己的跳跃能力成功脱险。但这里荆棘丛生、泥石相裹，对于身材矮小、并不善于刨土的亚洲豺来说，不啻一项浩大的工程。

让人欣喜的是，母豺并不是孤军奋战。它的孩子们也参与到这场拯救父亲的行动中，当母亲疲劳的时候，孩子们便轮流跳入沟壑接力。很快三个小时过去了，母豺仍没有离去的意思。在皎洁的月光下，摄制组已经看不清它们刨土的动作，但仍能听到泥石撞击草木的声响，这声响就像一首令人振奋的交响乐，震撼着每一个人的心灵……当豺群疲惫不堪地离去后，好奇的摄制组打着电筒靠近陷阱，他们赫然看见在被掘起的新鲜土壤上，竟有点点血迹……工夫不负有心人。在母豺及其孩子们的执着坚持下，沟壑在一天天加深。六周后的一天，公豺拼命一跃，跳上了类似台阶的沟壑，接着又跃上久违的地面。重获自由的公豺欢快地尖叫着，像风一样在草地上奔跑着；它的孩子们也相互追逐着，时而纠缠在一起嬉闹，时而相对欢叫……此时那只母豺却非常安静，它蹲坐在一块岩石上，默默注视着欣喜若狂的丈夫和孩子们。它的双眼里，分明溢满喜悦和幸福。

在随后的拍摄中，人们看到，那只母豺性情大变，它每天亦步亦趋地跟在丈夫身后，温顺而柔弱，已完全没有了先前公兽般的凶猛。动物学家说，这是正常现象，当“丈夫”重新回到家庭成为“顶梁柱”后，它本能地回归到了母亲的角色。

# 一鲸落，万物生

王祝华

鲸作为地球上最大的哺乳动物，广泛地分布在世界各地的海洋中。在鲸的家族中，体形最大的蓝鲸体长超过 33 米，重在 170 吨以上。

近日，中国“深海勇士”深潜器搭载母船“探索一号”完成 2020 年首次科考 TS16 航次任务。让大家意想不到的是，科学家们在本次科考过程中收获了一项重要成果——在中国南海 1600 米深处发现了鲸落，这是我国科学家第一次发现该类型的生态系统。“鲸落”一词迅速登上热搜，让更多人认识了这种奇特的生态现象。

## 鲸死后化成深海生命的“绿洲”

“鲸落”从字面上理解，就是鲸死亡后沉入海底的意思。在研究中，鲸的尸体、坠落的过程以及形成的海洋生态系统等，被生物学界统称为“鲸落”。

鲸一直有着“海上霸主”的威名，它的死亡甚至也足以成为一场盛大的献祭。如果把深海的海底比作荒漠，与深海热液、冷泉一样，鲸落如同荒漠中的“绿洲”。

TS16 航次科考队队员、海南热带海洋学院生态环境学院教授赵牧秋向记者描述了鲸落的 4 个阶段。

首先，鲸沉入海底时，最初尸体上的大量蛋白质和有机物会吸引鲨鱼、盲鳗、甲壳类生物前来。它们以鲸落中的柔软组织为食，如果鲸的体形足够庞大，鲸落上的蛋白质可供这些生物食用 4 ~ 24 个月之久。另外，鲸脂的热量极高，在鲸落被海洋生物们完全吞食、分解的漫长过程中，肥腻的鲸脂包含的能量会细水长流地变成推动海底生态圈运转的“燃料”。

接下来，轮到一些多毛类和甲壳类无脊椎动物登场，这些“机会主义者”能够在短期内适应所处环境并快速繁殖。它们一边从鲸落中获取食物，一边又将其作为居住场所，在这里繁衍生息。

随后，大量厌氧菌会在鲸落中滋生、蔓延。它们进入鲸骨和其他组织，分解其中的脂类，并与海水中溶解的硫酸盐结合而产生硫化氢。化能自养菌则将这些硫化氢作为能量的来源，利用水中溶解的氧将硫化氢氧化以获得能量，与化能自养菌共生的生物也因此有了重要的能量补充。

最后，当有机物质被消耗殆尽，鲸骨的矿物遗骸又会以礁岩形式成为生物们的聚居地，比如，充满生机的珊瑚礁。

“鲸落从形成到最后完全分解，可能需要几百年时间。这期间不光鲸落所在地的环境和生物种群的分布会发生改变，甚至连新物种的演化都可能受到影响。”赵牧秋表示。

此前，科学家们在鲸落的鲸骨中发现了几种特殊的吃骨虫，它们只

于沁玉｜图

寄生在鲸落的骨头中，样子类似于水纹形的荧光棒。它们产下的成千上万的幼虫在海洋中漂浮，直到遇到另外的鲸落，然后重新开始这一过程。

赵牧秋表示，鲸落的出现不仅为深海生物提供了丰富的食物来源，更重要的是将鲸在海水上方获取的能量向下运输，极大地促进了深海生物的繁衍和发展。“鲸骨以矿物基质的形式贮存丰富的脂类，这些营养成分靠细菌分解十分缓慢，一头大型鲸可以维持上百种无脊椎动物生存长达几十年甚至上百年。”

一鲸落，万物生，对漆黑的深海而言，这是一份极其贵重的礼物。

## 目前发现的自然鲸落不超过 50 个

这一次我国科学家在南海 1600 米深处发现的鲸落，约 3 米长。据科学家们分析，这个鲸落为齿鲸的尸体，很有可能是鸟嘴鲸，目前在鲸尾上尚有组织残余，估计它死亡的时间并不算长，具有长期观测价值。

那么，是不是所有的鲸死亡后都会形成鲸落？答案是否定的。

并不是所有的海洋环境都能够形成自然鲸落。有科学家通过对美国加州蒙特利峡谷处鲸鱼尸体的长期观察发现，海水深度和相关的物理环境，对鲸落生态圈的形成起着至关重要的作用。

自 1977 年，美国海军的潜水艇第一次在深海中发现了鲸的骨架，随后直到 1987 年，美国科学家克雷格·史密斯才在人类历史上第一次发现鲸尸体形成的生物群落。直到现在，人类发现的现代自然鲸落的数量，不超过 50 个。

有的科学家为了研究鲸落的奥秘，只能无奈地“人造鲸落”。2011 年，美国海洋生物学家格雷格·劳斯和他的团队，将一头搁浅死亡的鲸绑到船上，将其沉入海底。这条搁浅而死的鲸重量达数十吨，但是由于和自然死亡的鲸不同，搁浅后鲸的体内会迅速产生气体，难以沉入大海，所以格雷格和他的团队不得不在鲸身上绑了几吨的金属来配重。

格雷格为这个人造鲸落起了一个美丽的名字——“花蕾”。2014 年，当人们再次潜入深海探访“花蕾”时，透过摄像头可以清楚地看见，它的身上真的覆着了一群群白色、黄色、橙色的微生物群落。

生命消亡每天都在发生，但是为什么人们发现的自然鲸落的数量如此稀少？首先，随着全球气候的变化及人类活动的影响，鲸被捕杀或者由于受到声呐干扰而搁浅的数量增多，海洋中鲸类数目急剧减少，鲸落也变得稀少。

其次，山东大学海洋学院教授、世界自然保护同盟鲨鱼专家组委员王亚民表示，鲸落是一种偶发的自然现象，在海洋生态系统中属于比较特殊的存在。由于无法及时预测一头鲸什么时候死亡，什么时候沉入深海海底，因此，鲸落的发现除了与深潜科学技术发展水平相关，还有很大的偶然性。

相关链接

众所周知，地球表面大约有四分之三是海洋。在海洋中生活的微小植物，被称为浮游植物。整个海洋生态系统的维持是由这些植物驱动的。

美国杜克大学生物学家乔·罗曼等人指出，人类对这些浮游植物的依赖性很强，我们呼吸的氧气一半由这些浮游植物的光合作用生产。当浮游植物耗尽了水中的营养物质时，这个生态系统的平衡将被打破。

但是，大自然给浮游植物提供了一种意想不到的肥料——鲸的粪便。

鲸的排泄物会释放出大量的营养物质，粪便附近是浮游植物生长的理想之地，在那里，浮游植物会释放出大量的氧气，使人类受益。

## 水也有思想情感

一　静　译

日本学者 Masaru Emoto 博士从水的实验中，证明了人类的思想及情感是可以改变水分子的结构的。这是首次由科学实验证明出思想的力量可以改变我们体内与周遭的世界。

自 1994 年起，Masaru Emoto 博士便从各种水源中采取水样本，再冻结水样本中的若干水滴，然后在显微镜下观察它们，并拍摄存证。首先他采取了日本某个纯净水源进行了实验，所拍摄的照片显示出美丽的结晶形状。接着又以附近受到污染的河水重复进行了同样的实验步骤，得到的结晶图案不但污浊肮脏，而且也没什么美丽形状可言。出于好奇心的驱使，他请教堂里的牧师为这个受到污染的水样本祈祷，并重复了此项实验，令人惊讶的是，这次出现了另一个美丽的结晶图案。这些实验被重复做了许多次，得到的结果都是一样的。

Masaru Emoto 博士又将水的样本放在不同类型的音乐背景之下，古典音乐总是让水分子呈现出漂亮的结晶形态，可是放在重金属摇滚乐下的水，其水分子结晶就变成粗曲变形的污浊形态，原本正常结晶所保持的微妙平衡状态似乎被这种音乐破坏了。

Masaru Emoto 博士继续进行这个实验，这次他在纸上写了一些字，然后贴在一个装有水的干净玻璃容器上，再观察容器内的水分子是否会发生什么变化。他先写了一些像“爱”“谢谢”这类肯定的话，每次看到的都是美丽细致的结晶形态。然后又写了“你使我不快，我会杀了你”之类的话,结果每次看到的都是受惊扭曲的形态。他甚至用了“甘地”“特蕾莎修女”“希特勒”这些人的名字做过实验，肯定与否定所产生的结果导致水分子的变化产生出全然不同的形态。

他很快了解到万物都是有生命的，并且具有振动频率——一种共振磁场，这正是创造宇宙万物的能量源头，他甚至可以用磁共振分析仪来测量它。

Masaru Emoto 博士在经过多次实验之后，发现最具肯定力量的思想组合是“爱”与“感恩”。

这项发现之所以如此令人惊奇，是因为在我们居住的星球上，水所覆盖的面积远远超过陆地，而且水在人体内也占了大部分的比率。所以，只要借着发出肯定的思想，我们就有力量改变造成我们人体的这个介质（水）的结构，那么我们不仅可以借着每个肯定的思想来恢复自己的健康，同时也可以让我们周遭的每个人恢复健康，甚至也可以利用这种方式来修复地球，让我们的思想与情感永远保持肯定，心中长存善念与感恩，长存爱与祝福，进而来帮助自己和这个世界。

# 动物王国的王侯之争

管仲连　涂方祥

## 丛林逐鹿

在动物王国里，谁也称不上是绝对的王者。动物之间的争斗，是要讲究环境和时机的。动物学家记录了一个发生在热带丛林的惊心动魄的真实故事：一头雄狮穷追一只麋鹿，鹿逃到一条一丈宽的小溪边，求生的本能令它奋不顾身地跳了过去。雄狮本想跳过去，却跌入水中。

等暴怒的狮子挣扎起来，发现小鹿已经无影无踪，而溪水中一条碗口粗的大蟒正虎视眈眈地望着自己。此时狮子又累又饿，原本不宜在这是非之地久留，然而自负令它忽略了眼前的危险，愤怒令它丧失理智。

它发狂地冲向巨蟒，齿爪并下，巨蟒也不甘示弱，紧紧缠住了狮子。

十几分钟后，巨蟒竟然卷起狮子，沉入溪水中，汩汩鲜血，顷刻染红了水面！

大约又过了半个小时，巨蟒又浮出水面，它行动迟缓、疲惫不堪地爬上岸边，伤痕累累。不防近处一条凶狠的鳄鱼正紧盯着它。这条鳄鱼见到巨蟒十分紧张，本想抽身离开，可是巨蟒躺下的地方正是它宝宝的巢穴。情急之下，鳄鱼朝巨蟒的头部发出迅速而致命的一击，竟然将巨蟒的头部咬下！巨蟒甩动尾巴狠命抽打几下，然后软软地滑入溪流！

这是一出不该发生的悲剧。狮子本为兽中之王，却在不适当的时机和地点发动了不该发生的战争。巨蟒利用天时地利（在狮子疲倦时及在水中），将狮子吞入腹中。鳄鱼本来不想招惹巨蟒，然而出于保护后代的本能，冒险一搏，结果轻易将疲倦和刚刚吞下食物不能动弹的巨蟒咬死。

## 狮虎争雄

亚洲虎和非洲狮究竟谁更厉害，这就好比要我们去比较关公与秦琼一般。

关公是三国名将，秦琼是唐朝好汉，都是在民间流传不衰的英雄。

然而一出《关公战秦琼》却荒诞不经，成为闹剧。可是，现实中，总是有人愿意把他们硬往一处扯。

老虎与狮子，一个生活在亚洲的丛林，一个生活在非洲的大草原，隔着十万八千里，可谓风马牛不相及，但因都号称兽中之王，所以总有人想比较，到底谁更胜一筹？

有好事者将老虎和狮子关在一起，指望爆发一场争霸战，出乎意料的是，老虎和狮子只是互相看了一眼，便各自懒洋洋地找地方躺下来，彼此不再搭理对方。好事者甚至扔进去鸡和野兔，也激不起它们的争斗。

亚洲的动物学家认为，亚洲虎比非洲狮更厉害，理由是虎比狮子更残忍和狡猾，捕食技能更高；非洲狮的社会性比较高，靠群体的力量战胜其他动物，虎则单独行动，完全靠个体力量取胜，如果同等质量的虎与狮子真的相遇，狮子绝不是虎的对手。

老虎的捕食技能之高，甚至可以杀死体型大过自己的野兽。野猪性格凶悍，发怒时甚至可以将碗口粗的大树一头撞断！所谓“扮猪吃老虎”，不是没有依据。虎若被其撞着，内脏都会破裂。然而虎不会与野猪正面交锋，而是且战且走，利用速度和灵活的优势，消耗野猪体力，并且做出各种挑衅动作，激怒野猪。野猪暴怒之下，狂冲乱撞，结果精疲力竭。最后，老虎趁野猪喘息之机，大吼一声，一口咬断野猪的脖子。老虎的机智由此可见一斑。

而非洲的动物学家认为，同等质量只是假设条件，因为非洲雄狮比亚洲虎的体型要大，如果挑选最厉害的狮子和老虎对垒，相信体型占优势的狮子稳占上风。

有人设想让狮子和老虎先饿十几天，再把它们关在一起，到时饿红了眼的一对猛兽不由得不争斗，就可以分出高下了。然而，就算它们在饿极之下斗个你死我活，又能否反映其真实水平？

这是一场没有结论的争论，因为到目前还没有方法验证。看来《关公战秦琼》的把戏还会不断演下去。

## 各路诸侯

狮虎虽能，但是否就是天下第一？还有比狮子老虎更厉害的吗？

这又是一个关公战秦琼的故事。有些动物永远碰不到一起，就像山上的老虎和海里的鲨鱼。有的动物碰到一起也未必会兵戎相见，因为动物为求果腹而已，并非天生的好斗者。

大象是目前陆地上体型最大者,成年印度象重达4吨。大象力大无比，长而有力的大鼻子正是其致命武器，它可以将大树连根拔起，可以举起2吨重的原木，可以将一头狮子卷起再远远地扔出去。只不过大象是食草动物，给人的感觉比较温和。然而，愤怒的大象破坏力惊人，并且容易攻击人，在非洲草原上的摄影车，就曾经被大象掀翻，车辆严重受损，摄制人员被困在车里数小时。在印度,每年都有150余人被大象夺去生命。

大象强壮、聪明，记忆力超强，如果被人类伤害，大象会长时间怀恨在心，几个月甚至几年后才采取报复行动。它们通常性情温顺，但是发情期强烈激素的刺激会使它们变成致命的杀手。

犀牛堪称防守冠军，它体型庞大，在陆地上仅次于大象，是一位真正的重量级防御杀手，有纪录表明最长的犀角有1.8米。其厚重的皮革如同层层铠甲，坚固无比，冲锋枪都打不透！犀牛魁梧强壮，很难想象还有什么对手对它们构成威胁。大型食肉猛兽，见到犀牛也只能远远避开，因为若激怒了犀牛，它那势若奔雷的冲击力，任何动物也挡不住。

眼镜蛇的捕猎本领绝不亚于狮虎，皆因它能发出剧毒的唾液！眼镜蛇喷射出的毒液达3米远，像神射手一样准确无误，直射对手眼睛。

就像一把子弹上了膛的手枪，准确而有力，眼镜蛇因而成为恐怖的代名词。

大白鲨是海中终极杀手。它们与大多数鲨鱼相比，感觉更敏锐，目光更犀利。在海面移动的物体，只要大于15厘米，大白鲨在水下20多米的深处就能察觉。从起伏的浪涛中，它能分辨出远方海豹的嘶叫。

它能利用水下散射的光线，发现猎物，而让自己与幽暗的海水融为一体，不让猎物发现。当它发动致命攻击时，无论海豹从哪个方向逃走，都能够截住其去路，追捕的过程只需一瞬间完成。

沼泽地带的王者，非鳄鱼莫属。食草动物寻找水源时，将遭遇最凶恶的淡水杀手。鳄鱼善于隐蔽，一头体型庞大的鳄鱼可以把身体隐藏在30厘米深的水中,不让其他动物发现。而它依靠惊人的听觉和灵敏的鼻子，可以清楚地观察到猎物。鳄鱼的记忆力惊人，可以用几天甚至几个星期来评估周围环境。它们通常会采用伏击的策略，行踪诡秘；虽然攻击范围只有几米，但速度惊人，巨大的尾部是它动力来源，只需一甩就能突然跃出水面。它的血盆大嘴以及呈圆锥状锋利的牙齿是致敌死命的武器，可以轻易地把哺乳动物拖入水中制服。

# 不干涉

雪雪多多

野生动物电影纪录片的制作者——德瑞克·朱伯特和贝弗利·朱伯特夫妇，从年轻时就一直居住在非洲博茨瓦纳的野外环境中，至今长达30年。在拍摄过程中，朱伯特夫妇遇到过各种各样的情况。但不管画面多么惨不忍睹、多么惊心动魄，他们始终不去介入，只专注于拍摄。

有人曾这样问朱伯特夫妇："当食肉动物在捕杀弱小动物时，你们也眼睁睁地看着，不上去帮忙吗？"

朱伯特夫妇的回答是："是。我们能做的，只能是'无动于衷'。"

一句"无动于衷"，让很多人对朱伯特夫妇的行为感到不解。

2011年，朱伯特夫妇拍摄制作的纪录片《最后的狮子》在美国国家地理频道播出。影片讲述了在博茨瓦纳奥卡万戈三角洲一片富饶的湿地上，一只坚强的雌狮马蒂陶为了生存，为了保护它的幼崽，冒着风险与敌人搏斗的故事。

该影片播出后，朱伯特夫妇讲述了一段令人难忘的经历。

在拍摄过程中，朱伯特夫妇每天都跟着马蒂陶，同它一起感受每一次征服、每一次失败以及每一份痛苦。他们看着马蒂陶的两只幼崽慢慢长大。马蒂陶每天都在跟时间赛跑，因为幼崽们越大，奶水需求量就越大，她不得不想办法找到更多食物。快断奶的时候，小雌狮已经长得很强壮了，但是小雄狮个子还很小，它一直黏着母狮撒娇。两只幼崽的存亡紧逼着马蒂陶。朱伯特夫妇看到，马蒂陶不顾炎热的天气和湿气，迫使自己站起身来，一次次踏上追捕水牛的征程。

马蒂陶出去捕猎了，朱伯特夫妇决定跟着它。他们知道，它去捕猎，每天傍晚都会回到幼狮的身边。一个特殊的早晨，朱伯特夫妇回来后发现小狮子不见了。他们跟着马蒂陶，最终只找到了小雄狮。但是，小雄狮的脊椎已经断了，每次走路，不得不痛苦地拖着后半截身子以及两条后腿。

朱伯特夫妇感觉得到，马蒂陶一直在期待奇迹的发生。她给予了小雄狮更多的关爱和保护。但她始终无法弥补自己的过错，最终，马蒂陶转身离小雄狮而去，将一切都抛在身后。

这样悲惨的画面，让朱伯特夫妇感到十分震撼。

朱伯特夫妇还讲述了一段他们拍摄雌花豹拉格迪马的经历。

拉格迪马只有 8 天大的时候，朱伯特夫妇就开始跟踪拍摄它。一个寒冬的夜晚，他们拍到了拉格迪马第一次狩猎的画面——它在树上杀死并吃掉了一只雌狒狒。拉格迪马要离开的时候，有东西动了。朱伯特夫妇看到一只仅出生几天的小狒狒从树上掉了下来，拉格迪马显然也看到了。朱伯特夫妇万分紧张，特别是贝弗利，她建议丈夫停止拍摄接下去要发生的悲惨画面，转而去做更有意义的事情——营救小狒狒。

德瑞克制止了她。他劝她继续看下去。

摄像机接下来拍到的画面让朱伯特夫妇惊呆了。拉格迪马没有杀死那只小狒狒。它温柔地叼起小狒狒，爬上树，然后将小狒狒放在安全的树枝上。整整 4 个小时，直到深夜，拉格迪马都在照顾小狒狒。它有时很调皮，有时动作又很粗暴，它就像对待自己的孩子一样，努力让这只小狒狒远离伤害。它似乎既想养着小狒狒，又想把它当猎物玩。朱伯特夫妇看得出拉格迪马一直在压制自己作为掠食动物的天性。

最终，拉格迪马和小狒狒相拥而眠。看到这一幕，朱伯特夫妇泪流满面。

朱伯特夫妇说，这两段故事对他们有着特殊的意义："在拍摄马蒂陶找到脊椎已经断掉的小雄狮时，我们不断问自己：是否应该介入并提供帮助？我们知道自己无法恢复小雄狮已经断掉的脊椎，但我们可以杀了它，以结束它的痛苦。但最终，我们忍住了。同样，在拍到拉格迪马吃完母狒狒后发现小狒狒的一瞬，我们也产生了上前救下小狒狒的冲动。但我们也忍住了。结果我们看到了温馨的一幕。从那以后，我们的拍摄多了个原则——不干涉。"

"悲惨也好，温馨也好，那是自然的事。野生动物间的厮杀，你或许阻止得了一次、两次，但你阻止不了八次、十次，因为那就是生存，那就是竞争。自然是很正确的，不该由我们去判断。所以，我们一直坚持'不干涉'原则。"

因为不干涉，朱伯特夫妇用镜头记录下了一个又一个发生在动物身上真实而又发人深省的故事。

因为不干涉，他们在 30 年的时间里一共拍摄了 25 部震撼人心的野生动物纪录片，8 次获得艾美奖。

因为不干涉，他们让更多人理解了一点：有时，“无动于衷”是对大自然最好的尊重。

# 澳大利亚兔兔，想说爱你不容易

趣　马

澳大利亚动物繁多是出了名的，但看似人畜无害的兔子，在这里却人人谈之色变。如在澳大利亚昆士兰州，拥有宠物兔子竟是违法的，除非你是魔术师。

## 可怕的兔兔

兔子最早出现在澳大利亚，是在 18 世纪末。彼时，澳大利亚是英国的殖民地，也是英国流放犯人的地方。

1788 年，英国运送犯人的“第一舰队”带着 11 艘载有罪犯的船只在澳大利亚靠岸。船上运送的除了犯人，还包括一些家兔。在随后的几十年里，澳大利亚的一些农民也开始使用兔笼饲养肉兔。

19 世纪 40 年代，养兔是殖民者的一种常见做法，那时候人们察觉到澳大利亚似乎很适合养兔子，兔肉也成了殖民者饮食的一部分。

真正打开潘多拉魔盒的，是英国殖民者托马斯·奥斯汀。他在英国生活时就是一个狂热的猎人，但当他搬到澳大利亚南部时，失望地发现自己没有什么可以猎杀的动物。于是，1859 年，他让自己在英国的侄子寄送了 12 只灰兔、5 只野兔、72 只鹧鸪和一些麻雀。在经过简单的繁殖后，托马斯在维多利亚州自己的农场里释放了 24 只兔子，以满足狩猎的需求。

谁也没有预估到，兔子那可怕的繁殖能力，在没有天敌的澳大利亚会爆发出怎样惊人的能量来。

要知道，兔子每年能生产 4~6 次，每次 6~10 只。曾有科学家认为，如果在 90 年内不采取措施限制兔子繁殖，那么地球上每平方米的土地上都会站着一只兔子。

仅有超强的繁殖力，兔子还不足以泛滥成灾，最关键的是，澳大利亚没有能给兔子造成压力的天敌。曾在欧洲给兔子造成死亡威胁的金雕、猞猁，澳大利亚都没有。于是乎，在澳大利亚，兔子们生活得自在而幸福，仅仅过了 6 年，托马斯农场里的兔子就数以万计，甚至逃逸到了离农场上百公里的地方。

到 1886 年，在维多利亚州和新南威尔士州都发现了兔子，到了 90 年代，兔子的足迹甚至延伸到澳大利亚北部。到 1910 年，澳大利亚的大部分地区都发现了野兔。而到 1920 年，估计澳大利亚已有 100 亿只兔子。

兔子大军所到之处，横扫一切植被。

## 可恨的兔兔

“在人类引进的有害动物中，兔子是目前为止危害最大的。它们适应了澳大利亚的生活后，给当地的经济和动植物造成了有史以来最大的悲剧。”这种说法，一点也不为过。

在一望无际的澳大利亚大草原，成群结队的兔子贪婪地啃食着各类青草，十只兔子就能吃掉相当于一只羊所吃的牧草。

同时，它们还会啃食各种灌木和树皮。在干旱的季节，它们甚至爬到树枝上吃较嫩的树叶，打洞啃食树根，使成片的灌木丛和树林变得一片枯萎。

据估计，在澳大利亚较为干旱的地区，每公顷土地上只要有 4 只兔子，这片土地上的各种植物就会失去再生能力。

由此，澳大利亚大陆大部分地区的水土保持能力急剧下降，水土流失和土壤退化现象日益严重，给当地的生态环境造成了难以弥补的损失。

兔子会吃掉一切它们能找到的幼苗。一旦幼苗都被啃食，物种的生存就会受到致命威胁。而且，植物缺乏补充可能会改变整个植被群落的结构，对本地鸟类、爬行动物、无脊椎动物和其他动物也会有影响。

大批的兔子不但占据了土生动物的洞穴，还将它们的食物一抢而光，那些性情较温和的有袋类动物只好忍饥挨饿。

因为兔子，澳大利亚一种最古老、最小巧的袋鼠——鼠袋鼠濒临灭绝。

19 世纪中叶，兔耳袋狸在南澳大利亚几乎随处可见，由于在与兔子争夺食物的竞争中落败，如今只能在澳大利亚中部见到极少量的袋狸了。

据统计，以兔子为主因，澳大利亚灭绝或近乎灭绝的原生动物就有几十种之多。

澳大利亚的农业和畜牧业也蒙受了巨大损失。从牧草的消耗量来看，100 亿只兔子所吃掉的牧草相当于 10 亿只羊的放养消耗量。这对被称为“骑在羊背上的国家”的澳大利亚来说，所蒙受的经济损失实在难以估量。

另外，由于兔子天生善于打洞，它们在土质疏松的牧场和农场下挖的洞穴深达 1.5 米，不但牛羊常会陷入洞中，更严重的是，农田下大量的洞穴使得农业机械无法开展作业。甚至早在 1881 年，澳大利亚的一些农场就因此被迫弃耕。

兔子对环境的影响是如此之大，以至于在《环境保护和生物多样性保护法》中，兔子的竞争和土地退化被列为一个关键的威胁过程。

## 可怜的兔兔

在很长一段时间里，澳大利亚人信奉两种处理兔子问题的方法：一是捕获它们，然后射杀它们。但到 1901 年，澳大利亚政府已经受够了。他们决定建造 3 道防兔栅栏，以期保护西澳大利亚的牧地。

他们花了 6 年时间，建造了 3 道栅栏，其中第一道栅栏沿着澳大利亚的整个西部垂直延伸 1138 英里（约 1831 公里），至今仍被认为是世界上最长的连续站立的栅栏。

然而，栅栏的效果并不理想。太多的兔子在澳大利亚人搭成栅栏之前，设法到达了保护区。还有的兔子靠在地下打洞，“越境”而来。

没办法，澳大利亚人又想出第二招：引进兔子的天敌——狐狸。

在开始阶段，这种方法还是起到了一定作用，但澳大利亚人很快就发现，狐狸更喜欢吃行动相对迟缓的本地产有袋类动物。为了不使这些珍贵的物种灭绝，澳大利亚人不得不回过头去消灭狐狸。

愤怒无奈之下，澳大利亚政府决定采取一些严厉的生物措施：在兔群中释放一种黏液瘤病毒。黏液瘤病毒只影响兔子，可导致它们在疲劳和发烧前发展成皮肤肿瘤和失明，在感染后的 14 天内死亡。

在使用黏液瘤病毒的两年内，澳大利亚兔子的数量减少了 83%。

小黑孩 ┆ 图

然而，经过一代代的自然选择，到今天，60% 的野兔子已经对这种病毒免疫。

再后来，到了 1997 年，澳大利亚人又试图释放另一种病毒 RHDV（兔出血症病毒）。和上次一样，仅仅 4 年之后，再次繁盛起来的兔群已经完全对 RHDV 免疫了。

兔子已经在澳大利亚横行霸道 150 多年。如今，澳大利亚农民还是不得不继续依靠传统的手段——包括枪和钢颚陷阱，让兔子们离开农场。

引进一种外来生物非常容易，但要消化它们所带来的后果，并不轻松。在改造自然方面，人类的确获得了很多成功，但很多时候，人类又是那么无力。已经打开的潘多拉魔盒很难关上，澳大利亚的兔子给我们好好上了一课。

# 奇特的动物眼睛

孝　文

乌贼是动物界眼睛进化程度最高的动物。它们的瞳孔呈古怪的 W 形，无法识别颜色，但能看到光的偏振，即使是在昏暗光线下，也能看到鲜明对比。人类能通过改变晶状体的形状更好地聚焦，但乌贼能改变整个眼睛的形状。另外，这种动物的内部传感器使它们可同时观测到位于身前和身后的东西。

狗那令人不寒而栗的冷酷、敏锐的眼睛，是在荒无人烟的大草原上生活必不可少的。它们呈杏仁状，两眼间隔适中，而且稍微倾斜，一般呈冰蓝色、深蓝色、琥珀色或者褐色。有些狗的一只眼睛可能是褐色，而另一只眼睛却是蓝色或者是引人注目的两种颜色的结合体。

青蛙以其大眼睛而著称，但是很少有人清楚它们的眼睛为什么会向外突出。位于水下时，它们会向外突出眼睛，以便观察水面上的动静。当闭上眼睛时，它们就会把眼睛缩回去，并用上面不透明的眼睑和两个由半透明薄膜构成的眼睑将其覆盖住。

山羊的方形瞳孔吸引了很多注意，但这并非只是为了让它们看起来更好看。瞳孔的宽度让山羊具有330度的视野，与之相比，人类只有大约185度的视野。

与多数昆虫一样，蝴蝶也长着一对复眼，这种眼睛由数百个微小的六边形晶状体组成，因此它们能同时看到各个方向。虽然这种视觉无法做到锐聚焦，但是蝴蝶能看到紫外线，这种光人眼不可见。这一特点有助于指引它们找到拥有美味花蜜的花朵。

变色龙的眼睛最为独一无二。它们没有上、下眼睑，但拥有一个锥形结构，其上有一个小开口，大小正好容得下它们的瞳孔。每个锥形结构可以独自旋转，因此变色龙可以同时看两个完全不同方向的独立物体。这种视觉优势使它们特别擅长捕捉正在飞的昆虫。

河马能在水下看到东西，而且准确度高得惊人。不过真正令人感兴趣的是，河马的眼睛上拥有一层透明膜，用来保护眼睛，避免它们被水下的碎片割伤。

大鳄鱼是一种年代久远的动物，它们被称为“活化石”。尽管如此，大鳄鱼仍拥有进化程度极高的眼睛。鳄鱼的眼睛位置独特，即使整个脑袋位于水下，眼睛仍能突出在水面上。这种眼睛具有极好的夜视能力，因为眼睛后长着一个类似镜子的结构，有助于把眼睛没有吸收的光线反射回来。

壁虎喜欢夜间出没，这就要求它们的眼睛能在白天阻挡明亮的阳光，并在夜间拥有出色的视力。这也是它们拥有长长的“之”字形瞳孔的原因，

123RF ┆ 图

这种瞳孔通过收缩，只让一定数量的光线进入眼睛。有趣的是，人类在昏暗的月光下无法看到颜色，但壁虎却可以。在辨别颜色方面，壁虎的能力比人类强约 350 倍。

猫头鹰的眼睛位于面部的正前方，这让它们在捕猎过程中拥有出色的深度感知能力，尤其是在光线暗淡的环境下。有意思的是，这样大大的眼睛被固定在猫头鹰的眼窝里，根本无法转动。这也是猫头鹰不停地转动脑袋的原因。

# 动物小品三则

## 老鹰和蜗牛

林　夕

据说，世界上只有两种动物能到达金字塔顶。

一种是老鹰，还有一种就是蜗牛。老鹰和蜗牛，它们是如此的不同：鹰矫健、敏捷、锐利；蜗牛弱小、迟钝、笨拙。鹰残忍、凶狠，杀害同类从不迟疑;蜗牛善良、厚道，从不伤害任何生命。鹰有一对飞翔的翅膀，蜗牛背着一个厚重的壳。它们从出生就注定了一个在天空翱翔、一个在地上爬行，是完全不同的动物，唯一相同的是都能到达金字塔顶。

鹰能到达金字塔顶，归功于它有一双善飞的翅膀。也因为这双翅膀，鹰成为最凶猛、生命力最强的动物之一。它可以在最短的时间内攻击和逃离，成败都不使自己受伤害。所以说，鹰的翅膀就是它生命力最重要的一部分。鹰能拥有这样的翅膀，和它的残忍有关。鹰的残忍，不仅表现在对其他动物上，还表现在对自己的同类上，包括对自己的幼崽。

据说，鹰每次产卵都是两个，等它们孵化成小鹰后，就把它们放在一起，不给食物，让它们争斗，让其中更强健的一个吃掉另一个。虽然很残忍，但鹰族也因此而进化。

与鹰不同，蜗牛能到达金字塔顶，主观上是靠它永不停息的执着精神，客观上则应归功于它厚厚的壳。蜗牛的壳非常坚硬，是蜗牛的保护器官。若遇敌人侵犯，可迅速缩入壳内避险。蜗牛晚上活动白天休息。休息时将身体全部缩入壳内，减少水分散失，维持生命存活。据说，有一次，一个人看见蜗牛顶着厚重的壳艰难爬行，就好心地替它把壳去掉，让它轻装上阵。结果，蜗牛很快就死了。

正是这看上去又拙又笨、有些累赘的壳，让小小蜗牛得以长途跋涉，到达金字塔顶。

在登顶过程中，蜗牛的壳和鹰的翅膀，起的是同样的作用。可惜，生活中，大多数人只羡慕鹰的翅膀，很少在意蜗牛的壳。

## 莺鸟与铁星

**毕淑敏**

在南太平洋的岛屿上，飞翔着一种美丽的小鸟，叫作莺鸟，叫声非常动听。它们长着很长的喙。岛屿上物产丰富，莺鸟们靠吃多种草籽为生，活得优哉游哉。但是，饥馑来了。

干旱袭击了岛屿，整个大地好像是刚刚凝固的炽热火山，赤红的土地上，看不到一丝绿色。

科学家找到一些从前研究过的莺鸟，它们的腿上拴着铁环。观测结果，发现莺鸟们的体重大减，挣扎在死亡线上。

原因是食物奇缺，能吃的都吃光了，唯一剩下的是一种叫作蒺藜的草籽，它浑身是锋利的硬刺，锐不可当。在深深的内核里隐藏着种子，好像美味的巧克力被封死在铁匣中。

蒺藜还有一个名字叫作“铁星”，象征着难以攻克。

莺鸟用自己柔弱的喙，啄开一粒铁星，先要把它顶在地上，又咬又拧，然后顶住岩石，上喙发力，下喙挤压，直到精疲力竭才能把外壳弄掉，吃到活命粮。

岛上开始了残酷的生存之战。没有刀光剑影，唯一的声音就是嗑碎蒺藜的噼啪声。很多莺鸟饿死了，有些顽强地生存下来。科学家们想知道生和死的区别在哪里。

经过详尽研究，喙长 11 毫米的莺鸟，就能够嗑开铁星，而喙长 10.5 毫米以下的莺鸟，就只能望“星”兴叹，无论如何也叩不开生命森严的大门。

0.5 毫米之差，就决定了莺鸟的生死存亡。在丰衣足食的时候，一切都被温柔地遮盖了，但月亮并不总是圆的，事物的规律跌宕起伏。

我猜想，那些饿死的莺鸟在最后时分，倘能思索，一定万分后悔自己为什么没能生就一枚长长的利喙！短喙的莺鸟是天生的，它们遭到了大自然无情的淘汰。但人类的喙——我们思维的强度、历练的经验、广博的智慧、强健的体力、合作的精神、幽默的神韵……却是可以在日复一日的积累中，渐渐地磨炼增长，成为我们度过困厄的支柱。

## 亚马孙河的猴子

**刘燕敏**

澳大利亚的一位动物学家从亚马孙河流域带回两只猴子。一只硕壮无比，一只瘦小羸弱。

他把它们分别关在两只笼子里，每日精心喂养，观察它们的生活习性。一年后，大猴子莫名其妙地死掉了。为了不中断研究，他又让人从巴西带来一只，这只比死掉的那只更大，可是不到半年又死了。为了弄清原因，他对两只猴子的尸体进行解剖，可是从头到尾都未找到原因。

后来，他重返亚马孙河，对那儿的猴群进行研究，结果发现，凡是体大健壮的猴子人际关系都比较好。其他猴子弄到食物时，它们总能分享到一份。但是这类猴子很少能静下来，它们一有空就在猴群中穿梭，与其他的猴子追逐嬉闹。然而，这类猴子一旦被捉住，却很少能活过一年。那些善于晒太阳和闭目养神的猴子则不同，它们由于不入群，因此很少能分享到其他猴子的食物，这类猴子长得都比较弱小，但它们被捉住后却可以活下来。

这位动物学家后来得出结论说，对猴子而言，缺乏交往的生活是一种缺陷，缺乏独处的生活则是一种灾难。

猴子的世界是这样，人的世界何尝不是如此！

# 动物眼中的彩色世界

杨　柳

正常人的眼睛能感知这个世界的五彩缤纷，识别红、橙、黄、绿、青、蓝、紫，以及它们之间的各种过渡色，总共有六十多种。那么，动物的感色能力又如何呢？科学家对此进行了研究。

研究证实，大多数哺乳动物是色盲。如牛、羊、马、狗、猫等，几乎不会分辨颜色，反映到它们眼睛里的色彩，只有黑、白、灰三种颜色，如同我们看黑白电视一样单调。西班牙的斗牛场上，斗牛士用红色的斗篷向公牛挑战，人们原以为是红色激怒了它，其实是因为斗篷在公牛眼前不断摇晃，使它受到烦扰而发怒，如果换上别种颜色的斗篷，公牛也会出现同样的反应。

狗不能分辨颜色，它看景物就像一张黑白照片。狗追捕猎物除了靠4

条腿外，主要靠嗅觉和听觉。

我们人类的“近亲”猿猴也是色盲，过着平淡无奇的灰色生活。

田鼠、家鼠、黄鼠、花鼠、松鼠、草原犬等也不能分辨颜色。长颈鹿能分辨黄色、绿色和橘黄色。鹿对灰色的识别力最强。有趣的是，斑马虽然是色盲，它却能利用色彩来保护自己。斑马和其他动物混在一起吃草，黑白条纹可以引起注意，因此在出现危险时，只要领头马一动，所有斑马会迅速逃走。当斑马奔跑时，黑白两色条纹的晃动使得捕食动物难以快速测定距离，斑马便可安全逃脱。

鸟类则不然。除了某些过惯了夜生活的鸟类，如猫头鹰等，因为视网膜中没有锥状细胞，无法认色以外，许多飞禽都有色的感觉。鸟在高空飞行需要找到降落的地方，颜色会帮助它们判断距离和形状，这样它们就能够抓住在空中飞的虫子，在树枝上轻轻降落。鸟类的辨色能力也有利于它们寻找配偶。雄鸟常用艳丽的羽毛吸引异性，试想，如果它们感受不到颜色，那雄鸟还有什么魅力呢？

多数水生动物都具有辨色能力。鲈鱼能感知颜色，生物学家用染成红色的幼虫喂它们，待其习惯后，改用红色羊毛喂它们，鲈鱼竟然照吃不误。龙虾、小虾以及爬行动物里的甲鱼、乌龟和蜥蜴等，也都有色的感觉。

昆虫虽然属低等动物，但是它们的辨色能力比哺乳动物高明。据悉，蜻蜓对色的视觉感最佳，其次是蝴蝶和飞蛾。苍蝇和蚊子也能看见颜色。家蝇最讨厌蓝色，因而不愿接近蓝色的门窗、帐幔。蚊子能够辨别黄、蓝和黑色，并且偏爱黑色。勤劳的小蜜蜂生活在万紫千红的花丛中，却是红色盲，红色和黑色在蜜蜂眼里没有什么区别。蜜蜂能分辨青、黄、蓝三种颜色，但橙、黄、绿在它们看来是一样的，它们也搞不清蓝与紫有何不同。可是，蜜蜂能看见人所看不见的紫外线，并能把紫外线和各种深浅不同的白色和灰色准确地区别开来。

李 进 | 图

# 两种鸟两种境遇

程 刚

伊拉克本兹堡地区有一种小鸟，人们管它叫收粮鸟。当粮食收获时，它能将散落在地上的粮食一粒粒拾起来，吞进自己脖子下的一个特有的囊袋里。每次可吞下60~70粒，装满就飞回，然后将粮食吐到固定的容器内。一只小鸟一天可飞几十次，收集粮食200克左右。

本兹堡地区的好多农场都驯养这种鸟，但大都驯养不超过30只。有人不禁要问：既然这种鸟能够收粮，为什么不多驯养一些呢？当地的农场主给出了答案。

原来，秋天过后，来年秋天收粮鸟才能再收粮，而这漫长的一年里，收粮鸟要消耗许多食物，甚至超出它秋天收粮所创造的价值。而驯养不超过30只，则是多年来的经验总结，即在这个数量内，收粮鸟收粮的价值远远大于它们一年中消耗的食物。

美洲玻利维亚的森林中，栖息着一种奇特的送奶鸟。它的腹下长着一个大奶袋，可它不是哺乳动物，根本用不着它的乳汁。于是，它经常飞到村庄，让人挤出乳汁。由于这种乳汁营养价值高，当地人都用它来哺育婴儿。

很多当地人见这种鸟有利可图，干脆到森林里去捕捉，然后挤出奶到市场上卖。可他们不知道，正是由于他们的这种行为，导致鸟的生理循环被打乱，有的致死，没死的奶质也发生了很大变化，喝了这种奶的婴儿，健康也出现了严重的问题。

收粮鸟与送奶鸟的境遇告诉我们，追求幸福的前提是尊重规律、讲究科学，而影响幸福的最大元凶是人类贪婪的欲望。

# 寂静会滋养我们的灵魂

高　峰

为了寻求自然的寂静，一个叫戈登·汉普顿的美国人，读研究生时辍了学，走遍全世界，记录大自然的美妙声音。30 多年过去了，这个曾经的小伙子成了六旬老者，也早已是世界知名的环保人士。

## 自然界的美妙声音

曾有人好奇地问汉普顿："什么是自然的寂静？"他是这样回答的："自然的寂静是只留下大自然以其最自然的方式发出的声音。是昆虫拍打翅膀在午后明媚的阳光中飞行的柔和曲调，是清晨喜鹊和蝉令人惊讶的大合唱，是大雨在茂密枝叶上震撼人心的演奏，也是清风拂过脖颈的柔和细语。"

在大学，汉普顿主修植物学，后来又开始读植物病理学研究生。一有时间，他就跑到户外观察并研究各种植物。有一次，汉普顿开车从西雅图前往麦迪逊，天黑后他一时兴起，决定在路边的玉米地里过一夜，这样还能省下一晚上的住宿费。“我躺在那里，听蟋蟀的鸣叫和各种自然的声音。半夜时分，雷声响了起来，暴风雨也紧随其后，不过，我没躲回车里，虽然浑身湿透了，但我依旧躺在那里聆听风声、雨声、雷声……突然之间，一个问题击中了我：我已经 27 岁了，为什么从没注意到自然界的声音这么美妙呢？”

## “听风者”的生活

这次经历改变了汉普顿的人生轨迹。他索性辍学，开始全身心地记录自然界的声音。

除了记录大自然的声音，汉普顿还与旅途中邂逅的人交流对寂静的认识，并将对话记录下来。他还拜会当地官员，呼吁他们关注噪声污染问题。

作为一个辍学学生，他不得不骑自行车当快递员拼命赚钱，赚够一次路费后，他就再次上路。

1992 年，汉普顿执导的纪录片《消失的黎明大合唱》获得艾美奖“杰出个人成就奖”，他所做的工作才开始被世人注意。

与此同时，许多著名的媒体以及机构，如史密森学会、美国国家地理和探索频道等，都找上门来，请他提供原始声音素材。

## 寂静正在迅速消失

过去 30 多年里，汉普顿曾多次环游世界，记录了除南极以外各地的声音。1983 年，汉普顿在华盛顿州找到了 21 个寂静的地方，它们不受噪声干扰的间歇可以到 15 分钟以上，可是到 2007 年只剩下了 3 个。“设想一下，你要找一个地方，在那里你可以静坐 20 分钟，听不到人类活动发出的声音。这样的地方在美国不超过 12 个。”根据汉普顿的调查，在美国荒郊野外和国家公园，白天没有噪声干扰的平均时间间隔已经缩短到 5 分钟以下。为此，他建立了网站，倡导大家享受寂静，保护声音生态环境。

在汉普顿看来，自然的寂静不仅仅是一种声音，更是与自然、与自己交流的途径。“寂静滋养我们的灵魂，让我们明白自己是谁，等我们的心灵变得更乐于接纳事物，耳朵变得更加敏锐后，我们不只会更善于聆听大自然的声音，也更容易倾听彼此的心声。”

汉普顿很喜欢引用西雅图一位老酋长的话，150 多年前，这位酋长在写给时任美国总统富兰克林 · 皮尔斯的信中说 :“如果在夜晚听不到夜莺优美的叫声或青蛙在池畔的争吵，人生还有什么意义呢？”

# 好客人的心

洪 兰

早上，一位教授怒气冲冲地走进教员休息室，原来他平常停车的位置被别人占去了，心里不舒坦。又过了一会儿，他发现茶叶罐空了，但是新买的茶叶却不是他原来喜欢的牌子，他跳起来大声对我说："我今天怎么这么倒霉，事事都不顺心。"

我听了默然。就生物界来说，生存是个几率，每一分钟都可能出现意外；挫折应该是常态，顺利才是例外。

一只动物早上出去觅食时，都没有把握自己今天是否可以平安回到自己窝中，因为，一旦离开温暖的巢穴，生死就在一线之间，一不小心，自己就会成为别人的晚餐。

在加州大学读书时，我曾去沙漠中捕捉一种像袋鼠一样前脚短、后

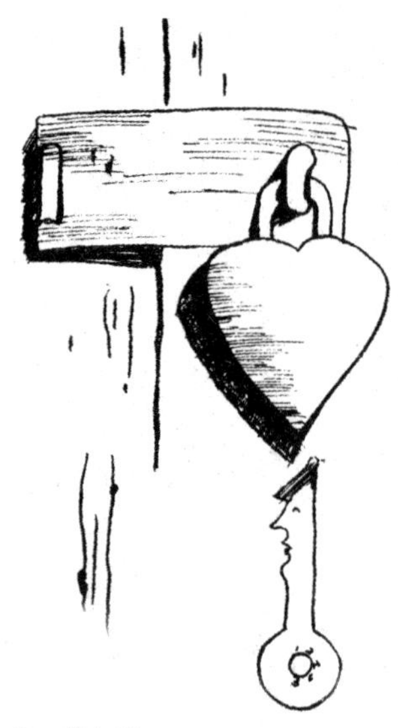

庞　彦 ┆ 图

脚长的跳鼠，研究它们的食物热量与体重之间的关系。我们捉住它后，将它下颚嗉囊中的食物掏出来，分类并算它的卡路里。结果发现：如果这些跳鼠找到的是种子类的、蛋白质高的食物，它的嗉囊就不会塞得很满；但是假如它找到的是草类的、热量较低的食物时，它的嗉囊就会撑得很大——因为要塞上满满一囊，才够它一天的消耗。它们绝对不会吃饱了在外面玩耍，它们甚至不敢在外面吃，而是先全部塞到嗉囊中，待回到安全的地方才敢慢慢享用。

这种动物身体很小，不及我的手掌大。它的脑应该也只有黄豆般大小，但是它就知道生命充满了挑战和变量，活过一天就是多赢了一天。

人类贵为万物之灵，却不懂对生命感恩，到处都是对现实不满的暴戾之气，完全忘了自己只是一个过客，只在这个46亿年之久的星球上，占用极其微小的一点时间，享用它的资源罢了。

人的生命真是比蜉蝣还短，我们在这个地球上的心态应该像个好客人——感激、敬爱你的东家，走时，挥挥衣袖，不带走一片云彩。

# 感谢玉米

波　音

哥伦布发现美洲大陆，给欧洲的殖民者带来了黄金白银以及大片有待开发的土地。欧洲人一下子阔了起来，整个社会面貌焕然一新，准备好了迎接文艺复兴和工业革命。然而，哥伦布的发现似乎并没有在东方的中国引发激荡，中国甚至在很久之后才知道，原来世界上还有一块美洲大陆。

其实，世界是一个整体，美国大平原上的一只蝴蝶扇动翅膀，就可能引起南美洲的一场风暴。美洲大陆的发现不仅改变了欧洲，同样也给古代中国带来了深刻的影响，来自美洲的一些农作物也改变了中国社会，它们是：玉米、地瓜（番薯）、土豆、花生、向日葵、辣椒、烟草。

这些农作物中，玉米和地瓜、土豆对粮仓的贡献最大。明末清初的时候，不论是黄河流域还是长江流域，能够种小麦和水稻的土地基本上已经开发完了，以当时的亩产量，只能支撑1亿多人口生活生存，再多生一批人，就得饿死一批人。就在这时，美洲的玉米和地瓜、土豆经过漫长的传播道路，跨越了半个地球来到中国。

玉米是一种适应能力很强的农作物，北到俄罗斯、加拿大这样的苦寒之地，南到南美洲腹地的原始丛林，都可以种植。所以玉米进入中国后，许多原来无法种植小麦的干旱、贫瘠之地也可以开垦了。相对于小麦，玉米的产量更高。虽然从营养价值看，玉米也许要略逊于小麦，但对于贫苦的农民来说，填饱肚子比营养价值更重要。明末清初的这段日子里，失去土地的农民纷纷涌向无主的丘陵地带。他们在山坡上种植玉米，在山脚下种植地瓜，粮仓充实了，多要几个孩子也能养活了。

美洲印第安人贡献的农作物不仅填饱了中国人的肚子，还改善了中国人的伙食。古代中国长期是农业社会，畜牧业不发达，肉食很少，虽然鸡蛋、鸡肉和猪肉含有丰富的动物蛋白，但贫苦农民却难以享受到，底层自耕农的食谱中除了主食之外，很少有富含蛋白质的食物。

富含植物蛋白的大豆填充了古代中国人对于蛋白质的需求，而且相对来说，大豆价格便宜量又足，是自耕农们改善伙食的好选择。这就是今天许多中国人喝牛奶会拉肚子，喝豆浆却没事的原因，因为中国的普通大众经过几千年的素食食谱熏陶，体内缺乏分解牛奶的乳糖酶。

漂洋过海来到中国的花生和向日葵，给底层农民们提供了摄取蛋白质和油脂的其他选择，而且花生和向日葵同样可以在贫瘠的山区种植，这真是古代中国人的福音。它们迅速风靡全国，成为人们重要的零食。令人稍感遗憾的是，这两种作物提供的蛋白质也还只是植物蛋白。普通中国人（游牧民族除外）开始有能力消费牛奶制品，仅仅是最近一二十年的事情。

辣椒让人涕泪横流还大呼过瘾，这种作物也是拜印第安人所赐。

从此中国人的饭桌上又多了一种颇能下饭的调味品，而且辣椒巨大的需求量还激发了规模可观的辣椒生意。

从美洲传来的烟草在中国同样受到了欢迎。不论是上等人还是普通农民，许多人都喜欢在饭后吞云吐雾一会儿。种植烟草让许多底层农民获得了比种庄稼更高的收益。

哥伦布发现美洲的蝴蝶效应，在古代中国激发出更多的耕地和更多的人口。如果我们把清朝开始时的中国人口按 1 亿计算，那么仅仅 100 年后，经过康乾盛世，中国人口轻松地突破了 3 亿。这是否和玉米、地瓜、土豆的推广有关呢?

清朝的康乾时期其实和汉朝的文景时期很相似，都是政局逐渐稳定下来，国民经济开始恢复。更为相似的是，农作物品种有了重大的变化，文景时期是小麦逐渐取代粟成为粮仓中的主力军，而康乾时期是玉米、地瓜、土豆与水稻、小麦一起充实了粮仓。如果没有玉米、地瓜、花生等作物的引入，康熙和乾隆就算是天纵奇才，也没有办法让已经达到极限的中国人口翻一番。

假如玉米和地瓜等农作物早 100 年进入中国，在明朝中期就能养活更多的贫苦农民，也许吃饱了肚子的李自成就不会带领流民起兵，后金铁骑也根本没有机会逐鹿中原。历史不能假设，但从逻辑常识上看，康乾盛世是建立在玉米、地瓜、土豆的基础上的。没有众多自耕农上交的皇粮，清朝贵族们哪有架着鸟笼捧优伶的潇洒呢?

不要迷恋所谓的盛世，那都只是一些传说。

# 给鸽子让路

邵顺文

一次，母校的一位副校长乘我的车去南京。行驶到安徽天长的时候，我一个急刹车停了下来。他的身体一下子就向前倾倒在副驾驶的安全气囊上。大吃一惊的他，坐正以后朝公路的前方看了看，很迷惘地问我："有情况？"

我用眼神示意他，距离我的车十二三米的正前方，一只鸽子正在安详地吃着撒在路中心的谷粒。那鸽子很悠闲，根本没有意识到危险的到来。我已经使劲地按了喇叭，向它示意，但是它没有反应。情急之下，我采取了紧急制动。

副校长惊讶地看着我，半天没有说出一句话。

我相信那鸽子和我们一样，也有一个值得珍惜的灵魂。

好儿年前，我在江苏连云港一家大型医约包装公司负责物流管理。

我直接负责管理的司机们每次出差回来，总要向我汇报行程中遇到的各种事情。我记得有个姓丁的司机，特别喜欢搞恶作剧。他最爱做的事情就是把挡他路的车逼到路边，使其无法前进，然后，再加大马力，用车轮扬起的灰尘模糊对方的视线，并以此为乐。每次他讲到这些并开怀大笑的时候，我就对他讲："别为难人家，弄不好会翻车出事的。"他告诉我："在马路上遇到小猫小狗的时候，如果没有办法避让，就直接轧过去。"当时我就问："为什么不能控制自己的速度呢？"

他说："路况有时很复杂，你根本来不及反应。"我想如果真如此，我们无疑是对被自己轧中的动物犯了罪。

路况真的很复杂。就在我避让了那只鸽子以后四五天，我再次开车去南京时，就遇到了一生中最大的麻烦。

那天早晨，我从老家出发的时候，天还没有亮。车到洪泽大刘粮站时，大约六点钟，天色渐亮，我加快了速度。突然，我看到前面约十五米的右侧小道上，急速驶出一辆农用三轮车。那车主几乎没有朝大道看一眼，就直接往路中心冲去。我一下子被眼前的情景吓呆了，连忙一边刹车，一边拼命地叫他也刹车。但是，他根本听不到我的叫喊，即使他听到了，恐怕也和我一样无法停下来。事故不可避免地发生了，在相撞前的一瞬，我对自己说："完了。"跟着就是"哐"的一声巨响，我失去了知觉。

醒来的时候，我发现我的车已经抵在道路中间的隔离带，而我驾驶室的车门因被牢牢卡在隔离带上，无法打开。驾驶座安全气囊已经完全弹开，并将我的身体牢牢保护在驾驶室里。轿车挡风玻璃已经被他拉鱼车上的一块冰砸出一个大坑，而我全身上下，竟然连一点玻璃的擦伤都没有。我费尽力气从车里爬出来的时候，到处找那个与我相撞的驾驶员。

闻声过来的当地群众告诉我，他已经被我撞飞到马路对面，正在路中心呢。

他是一个渔民。我一看他那架势，心一下子就凉透了。他直挺挺地趴在地上，一动不动。我走过去，使劲地叫他，他没有一丝声息。

我的眼泪一下子就涌了出来。

我打电话给 110，告诉他们我所在的位置，请他们来把被我撞“死”的这个渔民拉走。

20 分钟以后，110 清理故障车到达。

就在我协助他们抬人的时候，我突然听到他轻轻地哼了一声。就是这一声，让我知道他还没有死，或者是他又“活”了过来。于是，在那一瞬间，我对世界充满了无尽的感激。我既感激自己的安然无恙，更感激他的劫后重生。

我那像包成肉馅一样的车被拖到修理厂的时候，厂长问我：“驾驶员呢？”我说：“我就是。”他瞪大了眼睛，说：“你真会开玩笑，车都撞成这样了，哪个驾驶员还能活着？”我说：“是的，我也奇怪，我连一点皮都没有擦破。”他说：“真怪了！”

处理事故的交警也说：“这是我处理交通事故多少年从来没有碰到的奇迹。真是不可思议，像有神在保佑你一样。”我笑了。

事情过去已经几年，我还常常思索自己为什么能够安然度过那个生死之劫。偶尔，我会把那只因我急刹车而活的鸽子与此联系起来。

我相信，每个生灵都是一个死亡之神。鸽子在马路上吃谷粒的时候，好像是对我进行考验。当我以敬畏的态度，虔诚地对它进行挽救的时候，它会感受，并会在以后的日子里，用自己的生命，回馈我曾经对它的保护。

去年的一天，我正在开车的时候，一只鸟突然朝着我的挡风玻璃俯冲下来，并当场被撞飞。它的血在我的挡风玻璃上印下了一朵鲜艳的花。

同行的西北作家史小溪说："邵，它大概把你的玻璃当成天空了。"

我的心很疼。我真的希望它没有死，我希望世界上所有的生命都能平安、快乐。对于浩瀚无垠的宇宙来说，一只鸟和一个人有区别吗？

一棵树和一株草有区别吗？一片云和一朵花有区别吗？我觉得没有。

一切都是自然的孩子，只是大家的面貌不同、性格不同、语言不同而已。所以，当我怀着敬畏与虔诚给马路上的行人让路的时候，我一样为马路上那只无名的鸽子让路，或者是在马路上穿越的一条蛇、一条蚯蚓。我们在给它们让路的时候耽搁的时间，茫茫宇宙会以各种各样的方式交还给我们。那也许是快乐，也许是生命被延长的时间，也许是我们不知道的其他回馈。

# 动物的葬礼

王　翟

在动物中，很多种类都会对死亡的同类表现出一种“恻隐之心”或“悼念之情”，并且举行各种各样的“葬礼”。

生活在中国云南西双版纳的亚洲象的“葬礼”极为隆重。当一头象不幸遇难或染疾死亡后，象群便会结队而行，在首领的带领下将尸体运送到山林深处。雄象们用象牙掘松地面的泥土，挖掘墓穴，将尸体放入后，大家一起用鼻子卷起土块，朝尸体投去，很快将其掩埋。然后，首领带着大家一起用脚踩土，将墓穴踩得严严实实。最后，首领发出一声号叫，大家便绕着“墓穴”慢慢行走，以示哀悼。

栖息在澳大利亚草原上的一种野山羊，见到同类的尸骸便会伤心不已，它们愤怒地用头、角猛撞树干，发出阵阵轰响，颇似人类“鸣枪致哀”

的场面。

生活在炎热非洲的一种獾,常常采取“水葬”的方式处理同类的尸体。一旦有同伴死去，獾群就立即聚拢过来，小心翼翼地将同伴的尸体拖入江中，伴随着滚滚的江水，仰头呜咽不已，以示哀悼。

猕猴的情感更为深沉。长辈断气以后，后代们就会围着它潸然泪下，然后一起挖坑掩埋。它们把死猴的尾巴留在外边,然后静悄悄地观察动静。如果吹来一阵风，把死猴的尾巴吹动，它们就兴奋地把它挖出来，百般抚摸，以为它能够复活。只有见到它毫无反应之后，才无奈地将其重新掩埋。

在鸟类中,鹤类是极富情感的种类。生活在北美洲沼泽地带的美洲鹤，如果发现死亡的同类，便会在其尸体上空久久地盘旋徘徊。然后，鹤群由首领带着飞落地面，默默地绕着尸体转圈，悲伤地“瞻仰”死去同伴的遗容。生活在亚洲北部的灰鹤则停立在同伴的尸体前面，发出凄楚的叫声，眼中仿佛泪光闪闪，垂首泣涕，似乎在召开庄严肃穆的“追悼会”。

在南美洲亚马孙河流域的森林中，生活着一种体态娇小的文鸟，它们的葬礼也许是动物世界最为文明的一种。它们叼来绿叶、浆果和五颜六色的花瓣，撒在同类的尸体上，以示悼念。同样栖息在南美洲的一种秃鹫，则选择了“崖葬”的方式。当同伴死后，大家就将尸体撕成碎片，然后用利爪将这些碎片送到高山崖洞之中。放好之后，它们在崖洞的上空不停地盘旋，以纪念死去同伴“归天”的亡灵。

乌鸦的“葬礼”是大家在山坡上排成弧形，尸体在中间。

群体中的首领站在一旁悲鸣，好像在致“悼词”。然后有两只乌鸦飞过去，把尸体衔起来送到附近的池塘里，最后大家由首领带队，集体飞向池塘的上空，一边盘旋，一边哀鸣，数圈之后，才向“遗体”告别，各自散去。

# 血色的羽毛，血色的湖

Ent

2016 年 11 月 28 日，美国西北部的蒙大拿州遭遇了一场暴风雪。

呼啸的风里，除了雪，还有大约 2.5 万只雪雁（Chen caerulescens）。它们在迁徙途中被卷入风暴，往年熟悉的湖又提早封冻了，现在急需寻一处落脚点来躲避和休整。它们发现了布特市郊的一个湖。

但这并不是一个湖。

它叫“伯克利坑”，是一个巨大的露天铜矿。如今它已经被废弃超过 30 年了。在这 30 多年间，它陆续积攒了 300 米深的污水。

那个无月的夜里，超过 1 万只雪雁安静地降落在伯克利坑的红色水面上。

“湖面变成了一片雪白。”有人回忆道。

雪雁并不知道这里和此前休憩的其他的湖有何分别。甚至当初废弃这个矿坑的人类，都没料到一个积水的废矿坑会发生怎样的化学反应。

但是，此刻的矿坑是一个饱含硫酸和重金属的废水坑。雪雁会死于污水，而污水并不在乎生命的想法。绝望的工作人员想尽了办法，可依然有近4000只雪雁再也没能离开这里。

而矿坑和它的废水依然如故。也许下一场暴风雪带来的白色，又会被这一片血红吞噬。

可能百年之后，雪雁终将懂得有些湖泊是不能踏足的。可能到那时，自然选择终将教会动物如何与人类的“遗产”共存。没有人能预测未来演化的轨迹，但我们知道如下的事实：

在一个没有月亮的夜晚，一群雪雁为了求生，降落在人类创造的死亡之湖里。

雪雁的故事之外，还有伯克利坑的故事。

坑内的污水并非人为排放的结果，但又确确实实是人类所致。当矿坑被废弃时，坑底的水泵也随之关闭，周围的地下水逐渐在此积聚。水中的溶解氧和坑底的含硫矿石发生化学反应，释放出硫酸。随后，硫酸又溶解了矿石里的铜、砷和镉。这些重金属污染物让它成了一潭酸液。几乎没什么生物能生活在这里，连仅有的真菌也发生了变异，研究者甚至在菌体内找到了几种全新的化合物。

美国环保署希望能够尽快净化坑内的水质，不过没人知道是否还来得及。坑很深，污水的水面还在地下水位之下，所以暂时不会污染地下水；然而，只是暂时，如今二者的高度差不足30米，估计几年之内就会齐平。一旦出现这样的情况，坑内富含重金属的污水就会反流进地下水，并且渗透到附近的克拉克福克河的源头。这条河长达近500千米，流域面积近6万平方千米……或许只有到那时，人们才能真正理解，2016年那个暴风雪之夜里，降落在此处的雪雁眼中最后的景象。

# 猴子的公平意识

佚　名

科学家们发现，猴子天生有公平意识，如果觉得受到了不公正待遇，它们会发脾气或生气。

美国的试验表明，认为自己受到了不公正待遇的卷尾猴会做出一种两岁孩子的父母所熟悉的反应。

这些研究结果首次表明，不公正的意识不是人类所特有的，其他灵长目动物也有。

这意味着人在受骗时产生的愤怒情绪有很长的进化史，并可能证实许多高级灵长目动物中已经出现合作性群体。

在研究中，美国埃默里大学的弗兰斯·德瓦尔和萨拉·布罗斯南训练几对卷尾猴把礼券递给研究人员，以此换取食物。试验开始时，每一对猴子都得到同样的奖赏——一片黄瓜，而且都很愿意配合试验。

在 95％的情况下，它们把礼券递给研究人员，然后高兴地接受并享用食物。

但后来，研究人员开始给两组猴子不同的待遇，给其中一组吃甜甜的葡萄而不是淡而无味的黄瓜。致使认为自己受到了忽视的猴子发生反叛。

本来很高兴地接受黄瓜的猴子在看到同伴得到葡萄时突然不再接受黄瓜。有的开始罢工，不再传递礼券，还有一些虽然接受了黄瓜但不愿意吃。有的时候，它们会大发脾气，把黄瓜扔出笼子。只有 60％的猴子会在这种情况下继续合作。

如果其中的一只猴子未做任何事情而得到奖赏，同伴们的反应更加激烈，80％的猴子拒绝继续参加试验。

# 獾　鼻

[俄罗斯] 巴乌斯托夫斯基
潘安荣　译

湖边水面上黄叶漂积，一大片一大片的，多得无法垂钓。钓线落在叶子上，沉不下去。

我们只好上了老旧的独木舟，划到湖中心去。那儿的睡莲已经凋谢，深蓝色的湖水看上去像焦油一样，黑亮黑亮的。

我们从那儿钓到一些河鲈。它们被放在草地上，不时地抽动，闪闪发光，如童话中的日本公鸡。我们钓到的还有银白色的拟鲤、眼睛像两个小月亮的梅花鲈以及狗鱼。狗鱼向我们露出两排细如钢针的利牙，碰得咯咯作响。

时值秋天，阳光明媚，也常起雾。穿过光秃秃的林木，可以望见远处的浮云和浓浓的蓝天。到了夜间，我们四周的树丛中，星星低垂，摇曳不定。

我们在歇脚的地方生了一堆篝火。这篝火是成天烧着的，而且通宵不灭，为的是赶狼——远处湖岸上，有狼在轻轻哀号。篝火的烟味和人的欢叫，使它们不得安宁。

我们相信，火光能吓走野兽，但是有一天晚上，篝火旁边的草地里，竟有一只什么野兽怒冲冲地发出嗤鼻声。它不露身子，焦躁地在我们周围跑来跑去，碰得蒿草簌簌地响，鼻子里还嗤嗤作声，气哼哼地，只是连耳朵也不肯露出草丛。

平锅上正煎着土豆，一股浓香弥漫开来，那野兽显然是冲着这香味来的。

有一个小孩子同我们做伴。他只有九岁，但是对于夜宿林中，秋天劲烈的寒气，倒满不在乎。他的眼睛比我们大人的尖得多，一发现什么就告诉我们。

他是个善于虚构的孩子，但我们大人都极喜爱他的种种虚构。我们绝不能，也不愿意捅穿，说他是一派胡言。他每天都能想出些新花样：一会儿说他听见了鱼儿喁喁私语，一会儿又说看见了蚂蚁拿松树皮和蜘蛛网做成摆渡船，用来过小溪。

我们都假装相信他的话。

我们四周的一切都显得很不寻常：无论是那一轮姗姗来迟、悬挂在黑黝黝湖面上的清辉朗朗的月亮，还是那一团团高浮空中、宛若粉红色雪山的云彩，甚至那已经习以为常、像海涛声似的参天松树的喧嚣。

孩子最先听见了野兽的嗤鼻声，就“嘘嘘”地警告我们不要出声。我们都静了下来，连大气也不敢出，一只手已不由自主地伸出去拿双筒猎枪——谁知道那是一只什么野兽啊！

半个钟头以后，野兽从草丛中伸出湿漉漉、黑黢黢的鼻子，模样像猪嘴。那鼻子把空气闻了老半天，馋得不住颤动。接着尖形的嘴脸从草丛中露了出来，那脸上一双黑溜溜的眼睛好不锐利，最后带斑纹的毛皮也现了出来。

那是一只小獾。它蜷起一只爪子，凝神望了望我们，然后厌恶地嗤一下鼻子，朝土豆跨近一步。

土豆正在煎，嗞嗞发响，滚油四溅。我正要大喝一声，以防獾子烫伤，然而我晚了，那獾子已纵身一跳，到了平锅跟前，把鼻子伸了进去……一股毛皮烧焦的气味传了过来。獾子尖叫一声，哀号着逃回草丛去。它边跑边叫，声音响彻整片树林，一路上碰折好多灌木，因为又气又痛，嘴里还不时吐着唾沫。

湖里和树林里一片慌乱。青蛙吓得不合时宜地叫起来，鸟儿也骚动起来，还有一条足有 1 普特（约 16 千克）重的狗鱼也在紧靠湖岸的水里大吼一声，有如开炮。

次日早晨，孩子叫醒我，说他刚刚看见獾子在医治烫伤了的鼻子。我不相信。

我坐在篝火边，似醒非醒地听着清晨百鸟的鸣声。远处白尾柔鹬一阵阵啁啾，野鸭嘎嘎呼叫，仙鹤在长满苔藓的干沼泽上长唳，鱼儿啪啦啪啦地击水，斑鸠咕咕个没完。我不想走动。

孩子拉起我的一只手。他感到委屈，他要向我证实他没有撒谎，他叫我去看看獾子如何治伤。

我勉强同意了。我们小心翼翼地在密林中穿行，只见帚石楠丛之间，有一个腐朽的松树桩。树桩散发出蘑菇和碘的气味。

在树桩跟前，那獾子背朝我们站着。它在树桩中心抠出个窟窿，把烫伤的鼻子埋进那潮湿冰凉的烂木屑中。

它一动不动地站着，好让倒霉的鼻子凉快一些。另有一只更小的獾子在周围跑来跑去，嗤鼻作声。它焦急起来，拿鼻子拱拱烫伤的獾子的肚皮。正在治伤的獾子向它吼了两声，还拿毛茸茸的后腿踢它。

后来，这只受伤的獾子坐下，哭了起来，它抬起圆圆的泪眼看着我们，一边呻吟，一边用粗糙的舌头舔受伤的鼻子。它仿佛恳求我们救它，然而我们一筹莫展，爱莫能助。

一年以后，我又在这个湖的岸上，遇到这只鼻子留伤疤的獾子。它坐在湖边，举起一只爪子，尽力想捉住振翅飞翔、发出薄铁皮振动一样声音的蜻蜓。我朝它挥挥手，但它气哼哼地对我嗤了一下鼻子，藏到越橘丛中去了。

从此，我再没有见到它。

# 浪漫天鹅

青　闰

我们透过双筒望远镜窥视着，不远处的一个池塘里，一对天鹅正在一座小岛上营建自己的家园。

雄天鹅从池塘里给雌天鹅衔回芦苇，雌天鹅则一丝不苟地忙着构筑一个椭圆形的巢。

这是两只大鸟，它们的脖子伸展开有 1 米多高，我不知道它们的年纪。你也许想不到，天鹅 3 岁便开始交配，在野外能活到大约 25 岁，圈养的情况下能活到 40 岁以上。然而，即使它们到了 20 岁，也像 5 岁时那样强壮雪白。

两只天鹅有条不紊地干着活儿，最后雌天鹅抖抖羽毛，卧到鸟巢里。“现在它要孵蛋了。”我们中的那个行家说。这时，雄天鹅停止忙活，昂首阔步地绕着自己的配偶转来转去，时刻提防着外来入侵者。

多么漂亮的一对。我想起了耶鲁大学和美国内政部搞的一次民意调查，结果显示，天鹅在美国是继狗和马之后排在第三位的最受人喜爱的动物。多年来，我曾观察过许多天鹅，它们列队从我们附近的池塘横穿而过，像一支白色舰队，头在弯曲细长的脖子上高高仰起。为了更全面地研究天鹅，我还从图书馆借了一大摞书回家。我从书里了解到北美天鹅的种类和习性。对它们了解越多，我越感觉天鹅的奇特——它们真是一种美好的动物。

美丽天鹅实在算不上美食家，它们吃的是大叶藻等一些水生植物；可是，天鹅肯定是浪漫的情人。经过一场认真的求婚仪式，包括雄天鹅追得雌天鹅绕池塘转着圈跑来跑去，雌天鹅沉下水，脖子直伸在外面——它们相爱了。交配时，雌天鹅发出了一声悠长的叹息，之后，它们浮在水面，面对面，擦胸摩颊，发出一声声鼻息。年龄似乎削减不了它们的热情——一对产了几十只幼雏的25岁的天鹅，看上去仍然精力充沛。

不久之后，两只天鹅开始忙于构筑它们的巢。我观察到，雌天鹅在它的新"育儿室"里下了几只蛋，两只天鹅为之后的孵化做好了准备。

担当保护任务的雄天鹅要与许多入侵者抗争，包括浣熊、狐狸和大鸥鸟，更不要说爱窥探的人类了。天鹅通常性情温和，但一只保卫鸟巢的雄天鹅却是一个勇猛的战士，它那有力的翅膀足以杀死一只小动物，甚至有一次，一只北美野天鹅追得一头雄驼鹿灰溜溜地逃跑了。

似乎过了不长时间，4只小天鹅——仿佛黏糊糊的一团米色绒毛——开始在鸟巢周围蹒跚而行。几天后，它们摇摇摆摆地走向水边，开始在水中游来游去。雌天鹅待在鸟巢里，直到最后一只小天鹅下水为止。

不久，整个一家子成一路纵队穿过池塘——雄天鹅殿后，提防着入侵者。当一只小天鹅掉队时，雄天鹅会很快把它呵斥回来。小天鹅偶尔游累时，就趴在父亲或母亲的背上；如果不小心掉下来，就会再一次被斥责。天鹅家庭非常和谐，父母每天带领它们的小天鹅到岸边来吃我提供的食物，因为它们的父母每一小口都要与它们争着吃，小天鹅从小就懂得了要自己谋生。

最壮观的场面是小天鹅学习飞行。小天鹅翅膀长成后，都要接受几个月的飞行训练。看着父母展翅高飞，小天鹅们也模仿着。首先俯冲，然后飞起来，但很快，它们便会横翻筋斗掉进水中。渐渐地，它们越飞越高，越飞越远。

池塘里，黄褐色的小天鹅仍是一身稚嫩的绒毛，却已经呈现出一种帝王般的姿势——它们优雅地滑行着，脖颈成拱形，嘴巴收拢。

难怪古人要把天鹅与美丽的神话传说联系在一起。在古希腊神话中，当宙斯对勒达有意时，他便选择了天鹅的外观，因为这最有可能赢得她的青睐。

或许有关天鹅最古老的传说是“天鹅之歌”——天鹅奄奄一息之时声音凄美、萦绕心头的哀鸣。当苏格拉底即将饮鸩就刑时，他对伤感的门徒们说：“我不相信天鹅将死时会难过地歌唱，我想，它们是预言家，所以它们知道另一个世界里美好的东西。我与生命诀别，也没有那样沮丧。”

一只将死的天鹅可能会在临死前从长长的气管里吐出最后一口气。

但正如耶鲁大学的西伯利所说的那样：“凄美的‘天鹅之歌’的浪漫想法是纯粹的神话。”

我见过一只雄天鹅徘徊在路上被一辆汽车撞倒，不久便静静地死去。它的伴侣悲伤地守卫在它的身边，直至它的尸体被运走。

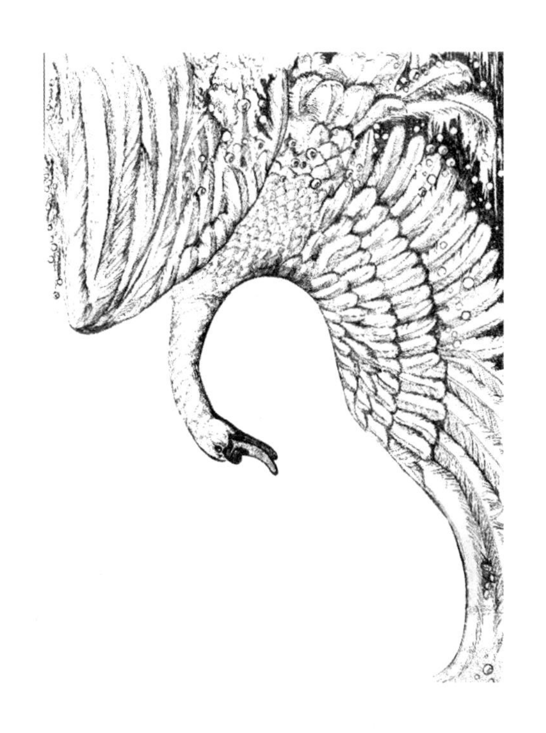

后来，雌天鹅往返于鸟巢和池塘，继续照顾着小天鹅，直到秋天它们能自己谋生。接着，它们就全都消失了。

第二年春天，我盼望着那只丧偶的孤鸟返回，但鸟巢始终空着。

它现在怎么样了呢？但愿我能在什么地方看到它。

# 沙漠英雄树的今生前世

刘建全

在人们的印象里，沙漠往往是风沙漫天、荒原漫漫、不见草木的生命绝境。

可是在我国西部沙漠边缘，人们却能看到这样的奇景：一种高大乔木常常聚集成林，每到秋天，树上树下的金色叶子连成一片，金光闪闪，把沙漠变成一个梦幻般的金色童话世界。这就是胡杨，维吾尔族人叫它托克拉克，意为“最美丽的树”。在沙漠的严酷环境中，胡杨作为唯一的成林树种，就像守护神一样守卫着沙漠外的绿洲，用它们不屈不挠的身躯阻挡着风沙对绿洲的侵袭，用它们永生永世的孤寂注满了戈壁滩的宏阔与画意。所以人们又热情地赞美它是沙漠的英雄树。

因为常年干旱，降水少，蒸发量大，长期的盐分累积使沙漠成为盐碱地。那么多种类的乔木，为什么只有胡杨能在这种地下水中盐离子浓度类似海洋的沙漠中生存下来呢？科学家的最新研究发现，胡杨体内有十类与盐离子搬运相关的基因发生了很大变化。这些基因在胡杨体内或者增加了数量，就像搬运东西增加了人数一样，或者提高了表达量，还有的发生了快速的突变，就像人长大增加了力量一样。它们共同作用，使搬运盐离子的转运蛋白能够快速将细胞中多余的钠离子抽出，同时将细胞需要的钾离子从细胞外搬到细胞内，通过调节自身细胞的盐离子浓度来增强吸水能力、保证自己细胞的水分平衡。

科学家还发现胡杨体内一些负责细胞壁形成的基因也发生了变化，使细胞壁的厚度增加，提高了木质素含量，以抵抗风沙的摧残。所以胡杨的木质更硬、更加耐腐。民间传说胡杨有三个“千年”：活着千年不死，死后千年不倒，倒后千年不朽。科学研究似乎为这些传说给出了一定的注解。

胡杨一生静观世上风云变幻，日落日出，比其他树活得更长，那么胡杨这个物种也很古老吗？早期人们以为，沙漠地区的树木应是古地中海退却后留下的孑遗植物，起源都很早。但是，科学家最近发现，胡杨起源不会早于200万年前，与一些起源动辄千万年前的树种相比，胡杨还是非常年轻的。“古老而又年轻”，是英雄树胡杨独有的特点。

# 聆听草原

艾　平

很多年前，我经常跟随父亲在草原上漫无目的地游走。我们乘坐的是一辆老掉牙的吉普车，所有的零件都在与车轮一起摇滚。我们就在这种摇滚中走走停停，迷恋地遥望天和地的尽头，时而有一群遮天蔽日的银鸥叫着飞过，时而有孤独的牧马人月亮似的慢慢在山冈上升起。父亲没有告诉过我这种游走的目的，后来我终于懂得，父亲原本也没有什么目的，他只是觉得在辽阔的空间里比较自在，而身旁有比呼伦湖还要清澈的女儿相伴，他的自在中便多了一份开心。

我记得父亲的车里总是带着大肚子玻璃瓶装的酱油，铁皮桶装的白酒，桦树皮篓装的咸盐，还有一些土霉素片和蛤蜊油，这都是牧民需要的东西。我们用不着事先联系，在草原深处，每一座蒙古包里都有我们久违的亲人。那些蒙古包孤零零地坐落在茫茫的绿野上，像一朵朵白色的蘑菇。蒙古包的主人早知道我们即将来临，已经熬好了奶茶，开始杀羊煮肉。这让我好不奇怪：草原深远安谧，难道是天上的云朵给他们报了信？

是套马杆在传递草原上的声音。牧人阿爸把手里的套马杆平放在草原上。牧草挺拔茂密，如无数只有力的手臂，托举着那根沉甸甸的柳木套马杆。草浪随着微风轻轻颤动，牧草却并不倒塌。我好奇地把手伸向套马杆下面的草丛，发现那个半尺多高的小空间，仿佛秘而不宣的母体。无数小昆虫、小蓓蕾、小露珠都在里面静静地醒着，无限的季节就在这薄薄的空间里成长。

当我把耳朵俯在套马杆上的时候，便听到了一种清晰响亮的声音。那声音难以描述，好像一会儿把我推到了城市的街道上，一会儿把我带到了大海的波涛里，无序，错杂，时断时续，有时细腻，有时浑然。随着这种声音来临，貌似凝固的原野顷刻间变得栩栩如生——百草窸窣，群鸟鸣唱，许多莫名的动物在啮噬、在求偶、在狂欢。马群像石头从山上纷纷滚落，云朵推动大地的草浪，甚至还有朝阳拂去露水时的私语，鸿雁的翅膀驱赶浪花的回声……这时候，牧人阿爸说："要下雨了，咱们包里坐。"我抬头看天，天空阳光灿烂，碧蓝如洗。我们进包后，一碗奶茶方尽，暴雨真的来了。雨点打得蒙古包"砰砰"响，像群鸟在弹跳，雨滴时而从天窗射进来，落到肉锅里。

草原上有会看天、看年景的人，也有会听天、听地的人。他们长期在人迹罕至的草原上游牧，慢慢地获得了独特的生存智慧。牧人阿爸说，刚才的雨是套马杆告诉他的，他还说他一大早就听见了我们的汽车声，也听到了雨正在远处商量着要往这里来呢。吃肉的时候，阿爸又告诉我，

李　晨 ¦ 图

细看大羊肩胛骨片上的纹理，就会发现游牧的足迹——羊走过的草场是否茂盛，水是否丰沛，什么草比较多，羊缺乏什么营养，生过什么病等等，都会通过不同的骨纹显现出来，那么牧人就知道下一年该怎么选择草场，游牧的路线图也就有了。于是，经年累月，一切都变得可以预言。

风每天在草原上吹过，岁月都到哪里去了？传统的游牧，是大格局协作式的迂回迁徙，以满足畜群不同季节的不同需求，比如春天接羔，那就要到残雪消融的阳光坡地去；牧草返青时，要给畜群找到大片有营养的牧草；夏天要考虑哪些地方的草适合储藏，留下来待秋天打草，保证牲畜有过冬的食粮；水、温度，哪些牧草能为牲畜提高免疫力，哪些牧草能调节牲畜的胃肠，哪些地方的牧草适合牛吃，哪些地方适合马吃，等等，这是一种生灵与自然共生的大学问，也是值得当代生态科学深入研究的课题。可是人们到底还是忽略了这一切，当然也很快尝到了苦果——牲畜被铁丝网圄于家家户户一小块一小块的草场上，食物结构单一，活动范围狭小，无法率性自在地生长，于是肌体不停退化，几代下来，牛羊肉的味道已经大不如前。作为经营者的牧民，单枪匹马，缺少机械化的生产工具，在严酷的自然面前，往往力不从心，而面对市场经济冲击时，常常显得不知所措。于是，在一部分人富起来的同时，也有人无奈地卖掉或者出租自己的草场。

现如今，汽车轮子和微信直播，将茫茫草原与外界紧密相连，亘古的秘境变得一览无遗。“站在草原望北京”，不再是夸张的修辞。在蝴蝶扇动翅膀的瞬间，现代科技已经覆盖了草原，汽车自驾游、直升机拍摄、电商平台、云计算、网红等，不由分说地都来了。新概念在草原上跨时空嫁接，开始了前所未有的试验。一个从未走出草原的年轻牧马人，靠着百度导航，六天不到就用小汽车把阿爸、阿妈带到了椰风弥漫的海南岛。那两个一辈子都穿着马靴、戴着包头巾的人，卸掉全身十几斤的重负，站在大海里，互相看着白皙的躯体和古铜色的双手，哑然失笑……记得20世纪60~70年代，草原的老人常常这样教导不愿吃苦的儿孙：“要知道你的午饭在羊身上，不在供销社的柜子里。”而现在，牧民从业的方式已经五花八门，草原的食物也变得丰富多彩，什么肯德基、比萨、韩式烧烤、麻辣烫，无所不有，吃一顿传统的手把肉，反倒要特意跑到饭店，端的十分奢侈。

然而，生产方式带来的变化，改变的不仅仅是草原的生活，还像微风细雨一样，日复一日地浸润着草原的心灵。

在我的记忆中，我的牧民阿爸就是一切牧民的代表。他们淳朴、勤劳、真挚、好客，爱草原如生命，爱大自然里的一切，从不在草地上动土，从不捕鱼，不到万不得已，不猎杀野兽，个个都可以信任，人人都可生死相托。草原古老的游牧文化，粉碎了一切人定胜天的谎言，其天人合一的哲学内涵，作为一种思维方式，呈现出很大的科学性。草原事实上意味着一种物竞天择、生命轮回的大境界，它属于万物生灵，而不仅仅关照人类。游牧文化告诉我们，只有草原大野芳菲，亘古犹新，人类才能浑然于万类之中永续苍生。只是忙于战天斗地的人类，并没有谦卑地将其当作一本教科书罢了。

历史是多条不同的河流，当它们汇入大海之后，还会以波涛和旋涡的方式互相冲撞不已。看吧，在茫茫的草原上，无数时间的碎片，无数空间的远影，都在时代的大苍穹里闪光、发声、跳跃、裂变、融合、再生。昔日的淳朴、今日的开放，每一种内在的质地，都不足以固守原初的草原。草原的秘密在哪里？我依凭大半生的体验来书写草原，也时刻以高度的敏感注视着草原。我对草原的聆听，已经有了多元的方式，当然感情的因素是最重要的。我如此热爱草原，我手中的笔永远无法离开草原。草原告诉我一切：生命与自然，人生与历史，现实与梦想。

# 不能忘却的纪念

王　族

母亲让我去小河边打一壶水回来，我刚走到河边，前面传来一声嘶哑的哀鸣，我抬头一看，是一只鹿。这场雪下了三四天了，这只鹿一定饥渴难忍，从树林里走到这条河边，想要畅饮一番。鹿不光迷恋自己躯体的美，连喝水也极为讲究，平时都喝从高处流下来的清水。

下雪天，别的动物都可以就近解决喝水的问题，但它却长途跋涉到小河边喝河中的清水。在下雪天，其他动物都不轻易出现，而鹿为了寻找河水，常常要走来走去，因此，危险便经常发生。它们知道身处危险境地，所以喝水时匆匆忙忙，喝上几口便赶紧离开。尽管如此，它们还是会常常遭到猎人的枪击和猎狗的追逐，如果逃跑得慢一点，生命就会有危险。

我面前的这只鹿，同样处于生命的危险之中——它的两只蹄子插入冰中拔不出来了，急得它一声声哀鸣。我仔细观察它，发现它长得很肥硕，根据大哥教给我的知识，我断定它是一只两岁多的鹿，这个年龄的鹿的肉最好吃——疯狂的想法在我脑中涌动，我抓起两块石头扔过去，想击中它的头，它紧张得连连哀鸣，并躲闪着我的进攻。应该说，它的躲闪是非常成功的，它把头扭来扭去，使我的进攻屡屡失败。

我停下来仔细观察它，发现它已经不恐惧了，只是冷静地注视着我。很显然，如果我继续进攻的话，它仍然可以巧妙地躲开。我突然觉得它变得高大起来了，从它矫健优美的躯体中透出了一股摄人魂魄的力量。我看到它的头上有一对尖利的角。它像是威胁似的向我晃一晃，似乎在告诉我它有这样的武器，可以对我实施强有力的打击。

疯狂的想法再次在我脑中涌起，我又抓起两块石头扔了过去，突然，它大声叫着将两只蹄子从冰中拔了出来，冰哗啦一声碎了，溅起一片刺目的光芒。忽然，我感到恐惧了，疯狂的想法顷刻间消失得无影无踪，代之而来的是一阵寒冷和战栗。我手里的石头掉在了地上。

这只鹿一跃跳上了岸，跑了几步后又转身回来了。我觉得它是来报复我了，就赶紧又拾起石头握在手中。它看了我几眼，向刚才受困的地方走去。它从我身边走过时，眸子里有一种罕见的平静。它径直走到刚才它站过的地方，用嘴把自己的蹄子弄碎的冰一点一点地推进河里，冰面上变得干干净净，只有它的两只蹄子插入时留下的两个洞眼。我为它的举动感到吃惊，此时此刻的它应该说是处于生命的危险之中，但它却听从了内心的召唤，完成了一次唯美的任务。它慢慢地走了，我看着它的背影，觉得它身上有一种力量与美的威严震撼着我的内心。

多少年过去了，我忘不了它从我身边走过时，那双眸子里的平静。

那是一片天空，被我珍藏在记忆中，经常映照着我的心灵。

# 8 分 23 秒的震撼

李凤春　编译

那年，我在南非克鲁格国家公园拍摄风光片，意外地捕捉到了一段动人心弦的真实画面。

那天傍晚，一群野牛正沿着河岸缓缓前行，而在前方不远处，六七只狮子，正藏在草丛里，等待着猎物的到来。两头大野牛和一头小野牛不知道前方危机四伏，它们欢快地向前奔跑，距离队伍越来越远，却离狮口越来越近。

没有任何征兆，埋伏的狮子们就纷纷跃起，3 头野牛猝不及防，已与狮子狭路相逢。

野牛急忙掉头逃跑，但是，狮子的速度更快，一只狮子几个起落，就追上了落在最后面的小野牛，并将其狠命地扑进河里。小野牛在河水里挣扎着，几只狮子一起咬住它，它们要把这个战利品拖上河岸来享用。但就在小牛即将被拖上岸时，河水里突然一片翻腾，一条巨鳄从河中一跃而起，它张开血盆大口，牢牢地咬住了小牛的尾巴，向河里狠命地拖拽着小牛。就这样，群狮与鳄鱼在河边展开了争夺小牛的拉锯战。几番撕扯，胜负已见，最终小牛被拉上了岸。

我看着镜头里那可怜的小牛，它即将成为狮子的美餐了，这也许是自然界弱肉强食的必然结局。但我发现，镜头里突然有了新的内容。

那刚刚逃走的两头野牛，竟带着近百头身强体壮的野牛狂奔而来。

原来，它们在生死关头，丢下小牛逃去，并非为了苟且偷生，而是去搬救兵。

众野牛如风而至，把几只狮子团团围在中间，一头野牛开始狂追一只狮子，这画面让人毕生难忘：在强悍的猛兽面前，这头食草动物的温

Gettyimages ┆ 图

顺软弱已经荡然无存，它吼声如雷，似威武的战将；而那狮子的威风，早已消失殆尽，它在这头野牛面前落荒逃跑。但是，剩下的狮子依然咬住小牛不肯松口。

野牛们终于发怒了。它们结成战阵，逼近狮子。一头野牛对着狮子疾冲上去，用牛角猛力一挑，一只狮子就飞到了空中，然后狠狠摔到地上。几个动作，在瞬间内一气呵成，让人忘记了这竟是一头野牛。

群牛怒吼，开始发动进攻，在雷霆万钧的气势下，剩下的几只狮子终于面露惶恐，它们无力地抵抗了几下，便松开口，四散逃窜了。

如血的残阳中，野牛们如一个个勇猛的战士，它们用勇敢与力量，上演了一场悲壮的生命之歌，令人动容。

我看了摄像机上的时间，从小野牛落入群狮之口，到众野牛奋力救出小野牛奇迹逃生，这一过程只有短短的 8 分 23 秒。

8 分 23 秒的牛狮之战，完全颠覆了我曾经对于强者和弱者的定义。

强者与弱者，原来并不取决于体魄的强壮或孱弱，也不在于其食肉还是食草。

强与弱，是一种精神与意志的较量。有些个体，看似软弱，可它们一旦同仇敌忾、紧密团结在一起，就会形成一股无比强大的力量，在这种力量面前，再强悍的对手都会被折服，被击败。

# 板栗园里的花

洪　放

板栗园在洪庄到天桥之间，离洪庄大半里地，离天桥大概三百米。那时候，洪庄与天桥是一个生产队。板栗园里长年黑乎乎的，树都很高，很粗。树底下套种着一些豆子、油菜。早晨，南方的天光洒在板栗树头，那些新发的树叶，开始竖起一根根的小青刺。而天光，漏到地面上时，变成了一小块一小块，就像村子里那些黑白相间的狗。板栗树不结果子的时光，整个板栗园里除了孩子，很少有人来往。孩子们把这里当作天堂，甚至，他们在这里“结婚、成家，当爸爸妈妈”。当然，黄昏时，他们一走出板栗园，那个家便随着夜色，被板栗园收藏了。

五月，板栗树的叶子愈加肥厚，叶子间冷不丁地会开出细碎的板栗花。一开始，很少有人知道板栗也是先开花后结果的，大家都只关注果子。

而我是在逃学的途中发现板栗花的。我一个人坐在板栗树上，想村子南头刚刚淹死的那个女孩。她的面容竟然很快就模糊了，我再怎么想，也都只是个大概。后来我干脆不想了，一抬头，就看见板栗花——米白色，小，羞涩地拢在叶间。我伸出手想摸摸，当我的手指快触到它时，它颤抖了一下。我赶紧缩回手，那是我第一次知道花也有心情——那种微小的羞怯与拒绝。

后来板栗树突然就被砍了。许多年后，我回到洪庄，板栗园那一块水稻正在扬花。

我又一次看见了那同样细小的花朵。这人世间，我们曾经忽略的，一定比我们得到的还要多。

# 豹王之死

陈　俊

如果说，这世界上还有一种动物不是为了活着而活着的话，那便是猎豹。

## 一

作为上古猛兽剑齿虎嫡传的子孙，猎豹保留着一种桀骜的气质，不屑像鬣狗般成群结党，懒得如狮子那样使用群殴方式，他们靠着笑傲草原的高速，在风驰电掣的奔跑中完成着生命的延续。每一头猎豹，都是问心无愧的独行侠，哪怕饥肠辘辘，也永远不会去和秃鹫争夺一丝腐肉和残渣。然而，饥饿和势单力薄，使得它们数量锐减，截至 2003 年，这群骄傲的完美主义者数量已经不过 1.5 万头。

而猎豹的死亡速度远远高于它们的繁殖速度——公猎豹精液中的精子成活率极低，每交配 50 次才能保证让一枚卵子受精。母猎豹也总是眼高于顶地精心挑选着自己未来孩子的父亲：皮毛、体态、速度……相识到成功交配需要长达 6 个月的熟悉过程。

动物学家们焦虑万分，绝不能让这种凝聚着速度与美感的生物灭亡！于是，南非德瓦内德猎豹研究中心成立了——这是全球唯一的猎豹专业权威研究院，也是一座猎豹繁殖基地。

阿加西是德瓦内德中心的第一位客人，也是独一无二的贵宾，因为它是一头纯种的国王猎豹——普通猎豹皮毛上的斑纹是斑点状的，而国王猎豹的斑纹则是和老虎一样的条纹状，平均每 1000 头猎豹中才会有 1 头国王猎豹。全世界国王猎豹的数量不过 15 头而已，德瓦内德中心的当务之急就是延续国王猎豹这一珍稀物种。

然而，对早已恭候在德瓦内德中心的那些被人喂养得皮毛光滑，整天只会在阳光下打盹，优雅地小口嚼食新鲜牛肉的准嫔妃们，阿加西表现出了极大的冷漠。在它心中，只有在草原上追星逐月，用风一般的速度获得鲜血滋润的母猎豹才有资格成为自己的“女人”。动物学家们试探着将一头头精壮的母猎豹放进阿加西的笼子，结果让所有人瞠目结舌——凡是春情荡漾地去撩拨阿加西的母猎豹都被撕咬得遍体鳞伤，哀叫着在笼子的角落里缩成一团。

人们束手无策。阿加西独霸着一个宽敞的笼子，过着至尊无上而又清心寡欲的生活，直到莲娜的出现。

二

莲娜是一头被动物学家们从死亡线上拉回来的母猎豹。那天，莲娜飞奔着扑倒了一只迅捷的羚羊，一群投机的鬣狗就围了上来——鬣狗就是草原上的强盗，最拿手的就是夺取猎豹的猎物。面对鬣狗的围攻，别的猎豹早就明哲保身，放弃猎物逃之夭夭了，可性烈如火的莲娜却毫不放弃，为了保护自己的成果和一群鬣狗“大打出手”。当中心的动物学家们发现莲娜的时候，它已经奄奄一息了，可嘴里还死死叼着一条羚羊腿。

由于伤势严重，莲娜被独自关到了阿加西另外一边的单独的笼子里，它一动不动地静卧在地上。可是，阿加西的鼻子忽然抽搐了一下，它闻到了莲娜身上和鬣狗搏斗时沾染的鬣狗的味道——这种味道，只有大无畏的猎豹身上才会有，这是一种至高无上的骄傲！它慢慢踱到莲娜的笼边，静静地凝视着莲娜，眼中的坚冰开始一点一点融化。

当中心终于将阿加西和莲娜合笼之后，两只猎豹很快缠绵到了一起。它们同起同宿，一起在中心宽广的活动场地上奔驰、嬉戏……很快就度过了半个月的快乐时光。

清晨，当阿加西从睡梦中醒来，下意识去摩擦身边温暖的身躯的时候，却摸了个空……莲娜不在了！昨夜，工作人员已经悄悄麻醉了它们，将它们分笼了。莲娜已经怀孕，而阿加西还有别的母猎豹等着它交配。为了保证繁殖数量，动物学家决定对阿加西实行人工取精。

很快，阿加西的精液使得中心的 12 头母猎豹怀孕了，加上莲娜，一共是 13 头母猎豹。可是，阿加西根本不知道发生了什么事情，依旧一往情深地等待着与莲娜重聚的日子。

6 个月后，莲娜生下了一头健康的小猎豹安西，条纹状的斑纹在阳光下熠熠生辉。莲娜爱怜地舔舐安西，就像以往阿加西舔舐自己一样。它以为，自己产下的是阿加西独一无二的后代。

## 三

可是，随着隔壁笼子的母猎豹们接二连三地产仔，莲娜的心被一次又一次撕裂了——“她们”产下的全都是披着漂亮条纹的小猎豹！

莲娜终于带着安西回到了阿加西独居的笼子。阿加西压抑着自己按捺不住的狂喜，怯怯地一点点向莲娜靠近；莲娜一动不动，冷冷地盯着阿加西。

阿加西的热情一点一点消退，它怏怏地低下头，趴在地上，再也不敢看莲娜一眼。

忽然，耳边传来一声凄厉的惨叫——莲娜咬住安西的脖子在地上死命摔打……它不能容忍自己的爱情结晶只是丈夫众多遗珠中可有可无的一个，要得到就得到唯一的，要么，就索性不要！阿加西目瞪口呆地看着自己牵肠挂肚的孩子惨叫着被它的亲生母亲结束了生命。

当动物学家赶来的时候，一切都已经晚了。莲娜木然地缩在笼子的一隅，眼中是一片空洞和绝望。阿加西小声呜咽着，轻轻舔着还未和自己亲近过的儿子安西。

鉴于莲娜的伤害性举动，中心不敢再收容它。在被麻醉后，莲娜被放归于大自然。

失去了莲娜的阿加西很快变得颓废而憔悴。枯草、泥土、食物残渣，在它的皮毛上恣意缠绕；它也不再威风凛凛地巡视自己的领地了，甚至不再进食。

束手无策的动物学家只得将它麻醉后，把它也放归了克鲁帕草原。

阿加西蹒跚在曾经意气风发的草原上，忽然，一股熟悉的味道扑进了鼻子——是莲娜！它发疯般冲过去，迎接它的却是莲娜已经枯槁的尸体……自从亲自杀死了自己的孩子后，莲娜就没有打算活下去，它是饿死的，是绝食而死！

阿加西长啸一声，温柔地嗅嗅莲娜的尸体，与莲娜并排趴到了一起……再也没人能把它们分开，再也没人勉强它们了……

李 晨 图

# 班公湖边的鹰

王　族

几只鹰在山坡上慢慢爬动着。

第一次见到爬行的鹰，我有些好奇，于是便尾随其后，想探寻个究竟。它们爬过的地方，沙土被沾湿了。回头一看，湿湿的痕迹一直从班公湖边延伸过来，在晨光里像一条明净的布条。我想，鹰可能在湖中游水或者洗澡了。高原七月飞雪，湖水一夜间便可结冰，这时若是有胆下湖，顷刻间肯定叫你爬不上岸。

班公湖是个奇迹。在海拔四五千米的高原上，山峰环绕起伏，幽蓝的湖泊在中间安然偃卧。与干燥苍凉的高原相对比，这个不大的湖显得很美。太阳已经升起来了，湖面便扩散和聚拢着片片刺目的光亮。

远远地，人便被这片光亮裹住，有眩晕之感。

而这几只鹰已经离开了班公湖，正在往一座山的顶部爬着。平时所见的鹰都是高高在上，在蓝天中飞翔。它们的翅膀凝住不动，像尖利的刀剑，沉沉地刺入远天。人不可能接近鹰，所以鹰对于人来说，是一种精神的依靠。据说，西藏的鹰来自雅鲁藏布江大峡谷，它们在江水激荡的涛声里长大，内心听惯了大峡谷的音乐，因而形成了一种要永远飞翔的习性。它们长大以后，从故乡的音乐之中翩翩而起，向远处飞翔。大峡谷与它们渐渐疏远，随之出现的就是无比高阔遥远的高原。它们苦苦地飞翔，苦苦地寻觅故乡飘远的音乐……在狂风大雪和如血的夕阳中，它们获取了飞翔的自由和欢乐；它们在寻找中变得更加消瘦，思念与日俱增，爱变成了没有尽头的苦旅。

而现在，几只爬行的鹰散瘫在地上，臃肿的躯体在缓慢地往前挪动，翅膀散开着，拖在身后，像一件多余的东西。细看，它们翅膀上的羽毛稀疏而又粗糙，上面积着厚厚的污垢。羽毛的根部，半褐半赤的粗皮在堆积。没有羽毛的地方，裸露着红红的皮肤，像是被剥开的一样。已经很长时间了，晨光也变得越来越明亮，但它们的眼睛全都闭着，头颅缩了回去，显得麻木而沉重。

几只鹰就这样缓缓地向上爬着。这应该是几只浑身落满了岁月尘灰的鹰，只有在低处，我们才能看见它们苦难与艰辛的一面。人不能升上天空，只能在大地上安居，而以天空为家园的鹰一旦从天空降落，就必然要变得艰难困苦吗?

我跟在它们后面，一伸手就可以将它们捉住，但我没有那样做。

几只陷入苦难中的鹰，与不幸的人是一样的。

一只鹰在努力往上爬的时候，显得吃力，以致爬了好几次，仍不能攀上那块不大的石头。我真想伸出手推它一把，而就在这一刻，我看到了它眼中的泪水。鹰的泪水，是多么屈辱而又坚忍啊，那分明是陷入千万次苦难也不会止息的坚强。

几十分钟后，几只鹰终于爬上了山顶。

它们慢慢靠拢，一起爬上一块平坦的石头，然后，它们停住了。

过了一会儿，它们慢慢开始动了——敛翅、挺颈、抬头，站立起来。

片刻之后，忽然一跃而起，直直地飞了出去。

它们飞走了。不，是射出去了。几只鹰在一瞬间，恍若身体内部的力量迸发了一般，把自己射出去了。

太伟大了，完全出乎我的意料！

几只鹰转瞬间已飞出很远。在天空中，仍旧是我们所见的那种样子，翅膀凝住不动，刺入云层，如锋利的刀剑。

远处是更宽阔的天空，它们直直地飞掠而入，班公湖和众山峰皆在它们的翅下。

这就是神遇啊！

我脚边有几根它们掉落的羽毛，我捡起，紧紧抓在手中。

下山时，我泪流满面。

鹰是从高处起飞的。

# 地震中的狼

王　族

在雪野或密林中，狼往往会突然出现——随着一声嘶哑的嗥叫，它们裹着寒风的身躯已倏然立于你面前。站定之后，它们很快便前仰后蹲，眼睛里散溢开一丝寒光。这是狼在进攻猎物前才会显示的野性，在短短的时间里，这股野性会变成洪水，要将它看到的东西一一淹没。

在狼的生命中，充满了勇气、灵活、机智和执着，孤独和骄傲并存。它们可以为了内心的一个小小的需求去冒险，也可以为了精神的高贵而自残或选择死亡……

回溯历史，我们发现狼的影子其实一直潜藏在我们的生命中，时不时地，它会从我们心灵的僻隅中跳出来，牵引我们在生命中显示出不可抑制的狼性，并像狼一样安身立命。

每个人的身体中，都应该有一只狼。

地震了。

很多天以来，我都担心阿勒泰会起风暴，那样的话，被拴住的这只狼就要遭罪了。村子里的房子建得结实，炉子烧得很热，就是刮再大的风，下再大的雪，人在房子里也无关紧要，但被拴住的狼能往哪里躲呢？我担心它会在一场大风雪中丧命，但担心的事情却一直没有发生，发生的，却是我们怎么也没有想到的事情。中午的时候，一场雪又飘飘扬扬地下了起来，天色也很快转暗。我们把炉子烧旺，把窗帘拉上，准备打牌消磨时光。这时候，地震了。几乎是在一瞬间，我感觉到房子摇动了起来，像是有一只手把我推来搡去，使我东倒西歪。

接着就是一阵震动，像是有一股力量从脚底传入了我的心里，使我的心快速跳动起来，我有些胸闷，也有些紧张。有人喊了一声，地震了！

大家便起身往外跑，跑到雪地里站了好一会儿才缓过神来，大家东张西望，像是准备着还要跑。

扭头一看，狼也显得慌张不已，使劲扭动着脖子，想要挣开那根铁丝。它肯定也被地震吓坏了。在它的意识中，还不知道地震是怎么回事。这种突如其来的震动让它骇然，它像冲出了房屋的我们一样，想挣扎，想逃跑。

我对大家说："看，狼，它……"一句话没说完，突然又地震了。

大家赶紧冲出院子，跑到了一片平坦的地方。站在一个土包上，我俯瞰院子里的那只狼，它显得更为慌张了，明知道钉在地上的那根铁丝已经限定了自己的活动范围，但它还是来回跑动着，企图能挣开铁丝的羁绊。几个来回以后，它显然失望了，便沮丧地蹲在地上不动了。

我仔细一看，它的嘴里吐着白沫，不知道它是紧张成这样的，还是刚才狂奔累的。后来，我回到乌鲁木齐，向许多动物学专家请教，他们都无法解释一只狼为什么会那样恐惧；给朋友们说起这件事，他们没有发表任何意见，只是为一只狼感到好奇。

过了很长时间，谁也不愿意到房子里去，两次地震，而且时间相隔不长，谁都害怕第三次马上就要来临。雪下得越来越大，天也很冷，但大家宁愿就这么冻着，就是不愿进屋去。

狼不时地扭头看我们一眼，表情极其复杂。我不敢看它的眼睛，我觉得它的眼睛里已经流露出了心事，它是因为信任我们，才看着我们，

但我们又能做什么呢？当你感到自己让一个生命失望时，你的内心是非常痛苦的。过了一会儿，它也许镇定了下来，用一只前爪轻轻抹去嘴角的白沫，把身上的雪抖落，走到一个没有雪的地方卧了下去。

这时候，那位最初抱这只狼到村庄里的牧民从山后骑马过来了，他是专门来看这只狼的，一路纵马疾驰，居然不知道刚才地震了。他是抱着另一种看狼的心态来的。原来，这一带的狼现在都变得十分聪明，不但猎人们打不到它们，而且它们对付人的办法很有一套。一只狼溜到一家人的门口，装着人敲门，主人以为是一起放牧的朋友来叫他去喝酒，就高高兴兴地打开了门。狼就站在门口，他把门刚打开，狼一口咬住了他的喉咙，他没来得及喊一声就死了。昨天晚上，那样的敲门声在牧民的门外响起，前几天的那件事在牧区已经人人皆知，他抓起猎枪，把子弹推上膛对着门口，打开了门，但门外却空空如也，只有雪地上留着一串狼的脚印。他有些害怕，狼掌握人的心理如此之准，不知道它下次又会用什么办法来对付人。

村里的人已经和这只狼有感情了，爱屋及乌，便劝他要和狼交朋友，比如狼那么懂人的心思，你可以在门口给它放一点吃的东西，它来敲门的时候，你可以告诉它吃的东西已备好，你吃完之后回去吧；你甚至还可以给它讲一些道理，向它表一些态度，以后大家在这里可以和平共处，互不侵犯，毕竟，在这荒山野岭生活，谁都不容易。

牧民对大家的话不屑一顾，非要亲眼看看狼。他一定要这样做，大家反而有热闹可看了。地震不来，大家似乎在紧张地等着它来，现在有别的事情来了，大家反而轻松了。一群人涌到狼跟前细细看它，它仍是一副焦虑的样子，像是地震马上又要来似的。唉，这只狼是够孤单的了，什么心事都是单一的，不像我们，就是在惶恐于马上要地震的时候，总有一些另外的事情分散我们的注意力。

牧民像注视一个敌人那样注视着它，他太想从它的身上寻找出狼的凶残和狡猾，也想寻找出产生这些东西的根源。他已经把狼彻底当成了敌人，但这只狼身上却没有丝毫凶恶的东西，充斥在它眸子里的是一种绝望和忍耐，甚至还有一丝仇恨。这会儿它也许太惶恐了，对我们这么多人突然围上来，又表示出了丝丝紧张和慌乱。它注视着每一个人，慢慢地收紧了身子。

牧民失望了，他没有找到自己想找到的东西，由此，他也推翻了自己一直认为狼性凶残的想法。他在今天看到的是一只狼的惶恐和无奈，也看到了一只狼的目光里有无法和人沟通的东西。他被感动了，骑马要返回他的帐篷，他在马背上对我们说："你们说得对，我回去要给狼讲道理，交朋友。"

我们无言以对，感觉天更冷了。与一只狼相处了这么多天，它的痛苦似乎也是我们大家的痛苦，但这些痛苦却是没有办法克服的，我们不知道这些痛苦从何而来，为什么这样干扰着我们。我们更不知道在以后的日子里，还有什么样的痛苦会突然降临到我们身上，我们能不能扛住那些痛苦。比如地震，说不定在人们熟睡的时候就突然来了，顷刻间弄个天翻地覆，那时候，人的什么荣誉呀、感情呀、思想呀，统统化为乌有，世界在几秒钟之内抖动几下身子，仍将复归平静，但被损害的东西和失去了生命的人却无法再复原，那才是真正的消失。

天黑时分，又来了一次余震。大家再次惊慌失措地冲出屋子，在雪地里挨着时间。天很冷，每个人都在发抖，但谁也不敢回去。

那只狼也同样很害怕，它跑到一个有坑的地方打转转，似乎恨不得钻入地里去。那个地方很暗，我突然看见它的眼睛放出了绿光。是不是它太紧张了，眼睛里一下子发出了绿光？我想起刚来村子里的那天晚上见过的那丝光亮，那天晚上它一定看见了我，眼睛里发出的就是现在的这种东西。以前听人说过，在黑夜里，狼的眼睛放出的是绿光，那种时刻的狼，它们的内心充满着什么呢？

狼的前面，就是我们居住的房子，现在灯泡亮着，给人一种温暖之感。平时，我们居住在里面，感觉是多么幸福和安逸啊，从来没有体会过被赶出家门的感觉。但有些事情说发生就发生了，比如地震。

事情往往就是这样，一瞬间，我们不但会被赶出家门，而且还会被束缚，就像这只狼一样，只能痛苦，不能言语……唉，生活，它正常的一面一旦被打翻，马上就变成无比可怕的惨剧。

天已经黑透了，一只狼可以卧下身子，开始睡觉了。

我们却还在雪地里面站着。

# 十万残荷

顾晓蕊

又是一年凛冬到，山寒水瘦。我乘车穿过半座城，去湖边看荷，拍荷。

倘以为那些残荷孤绝、凄冷，尽是凋败景象，倒也不尽然。若单看每一株残荷，纤枝枯瘦，孑然如鹤，但十万残荷，一片连着一片，绵延数里，便显得声势浩荡。

算来，我搬来这座小城已二十余年，体会到残荷之美，却是近几年的事。

在葱绿的年纪，也喜欢荷，只是我那时迷恋的，是亭亭而开的荷，绽于碧波之上。“山有扶苏，隰有荷华。”它从《诗经》中迤逦而来，宛若临水照花的仙子。

犹记得那年，去江南小镇游玩，看上一件旗袍。青绿的锦缎底子，一朵荷盛绽在裙摆处，令人想起苏轼的那句词："一朵芙蕖，开过尚盈盈。"

我虽生得寻常模样，好在有鲜亮的青春底子，一袭玲珑旗袍穿在身，便有了风情，有了味道。想来，那时对荷的喜爱，是沉醉于它浓烈、张扬的美。

走过小半生光阴，再看残荷，终是懂得，当繁华落尽，洗却尘俗，它已抵达至简之境。生活的美，不在于曾经轰轰烈烈，而是归于平淡后，那一份宁静从容。近观株株残荷，或弯曲如弓，或俯于水面，或昂然挺立，无论哪种姿态，都是一幅幅水墨写意。它曾有多妖娆、多盛大，而今就有多苍凉、多萧索。

画坛怪才李老十，独怜残荷，斋号"破荷堂"。他懂荷，惜荷，画荷，与残荷仿若前世的知己，有着灵魂的相通与相惜。他笔下的秋荷、雨荷、风荷、月荷、墨荷，萧索冷峻，独立苍茫，自有一种清净深远的意味。

他有一幅画作《十万残荷》，洇染纸上的十万朵残荷，携着冷瑟的肃杀气息，在你面前铺延开来，充溢着铁马冰河的悲壮。这满目凄荒里，有一种惊心动魄的美。

吴冠中也画残荷，却枯而不朽、凋而不伤，相较而言，我更喜欢他画中的意境。明快简洁的淡墨线条，舒展横斜，虚实有致，勾勒出残荷独有的韵致。

那一茎茎枯荷，萎了，败了，已撑不起昔日的繁华记忆，却又枝叶清朗，筋骨铮铮。一如画家本人所说，想画的已非荷非塘了，而是自己的春秋，自己的风骨。

一代绘画大师齐白石，年近半百才热衷画荷。他笔下的荷，红花墨叶，偶有鸳鸯、蜻蜓、翠鸟点缀其间，热烈、饱满、奔放。即使画的是荷枯藕败，也画面清朗、天真洁净，显现着灵动的气蕴和勃勃的生机。白石老人的作品中，充满禅味禅趣，不贪，不求，不争，不执，如此圆融平和，已达人生至境。

人活到一定年纪，是往回收的。不人云亦云，不随波逐流，也无须讨好任何人，只安心做回自己。以一株残荷的姿态，不攀缘，不依附，在风雨中，站成一道绝美的风景。

张爱玲在《倾城之恋》中写道:“你年轻吗？不要紧，过两年就老了。”还真是如此，仿佛是转瞬之间，青春远去，鬓角白发渐生。

终有一天，我们也将老去。老了，亦无须伤怀，要老得有气韵、有风骨。其实，只要你愿意，依然可以活得优美、精致、高贵，拥有一个气象万千的世界。

# 北极熊

陈丹燕

北极是大熊星座正对着的荒野，每个晴朗的夜晚，雪野上到处是七星洒下的星光，北极星就在它的上空闪烁。在北极难得遇到一个风平浪静的夜晚，那晚我去户外晒了一次星星。

只要抬头，就能直直地看到大熊星座和小熊星座在头顶上。这先让我觉得有点像在做梦，然后我才想起来，这是在北极。又想起凡尔纳的小说情节——某人手中的指北针突然胡乱晃动，拼命指向地下，好像中了魔一样。探险家们都惊慌失措，继而意识到，他们来到北极的地磁点了——那是我七岁时读的人生第一本小说，故事情节和人物的名字都已经忘记，但模糊而强烈地记得这个有关指北针的细节。

这里的星星好像离地面很近，看上去很大，而且是彩色的。我以为自己眼花了，特意拍了张照片传到电脑上放大了看。它们真是彩色的，有的是黄色的，有的是红色的。聚集在一起，形成了一只大熊和一只小熊的身影。像希腊神话一样，凡在地上活不下去的，就逃到天上，变成了星星，夜夜照耀自己的故乡。

这里是北极熊唯一的故乡。

飞机降落到斯瓦尔巴群岛一个民用小机场，还在等行李时，我就看见一头白色大熊。它在行李传送带的中央直立着，是一头成年的北极熊，有 2 米高，大约 600 千克重，黑色的鼻子，仔细看，它脸上有种凶残与无辜交织的表情，并无卡通画中的那种天真。这个北极王者直立着，厚实的前掌松弛地挂在腕上，可那毛茸茸的前掌只要一拍，就能把海豹的脑壳打碎——不过，它是个标本。

等行李的时候，一道脑筋急转弯题浮上心头：“北极熊是北极之王，什么都吃，可就是不吃企鹅，为什么？”

在朗伊尔城的道路边竖着北极熊可能出没的三角形警告牌。这个岛上小城被辽阔的海冰、雪山以及冰川包围着，那些地方都是北极熊的领地。它们在雪洞里抚养小熊，在海冰上猎杀海豹，在冰川上漫步。它们有着孤独的秉性，一辈子独往独来。

为防备北极熊的袭击，朗伊尔城家家都有来复枪，理论上说，朗伊尔的居民一旦离开街道，就应该将来复枪上膛。即使进教堂，在门厅里换鞋的地方，也有一个淡灰色的铁盒子，专门存放教徒和牧师随身携带的来复枪。北极熊通常不伤害人类，它更喜欢吃海豹和海象，它也不喜欢人类群居的地方，因为太吵闹。从前它伤害人类，多是因为它想跟人玩耍，不知道人的身体经不起这种游戏；近来它袭击人类，多是因为它实在找不到食物，太饿，迫不得已。

从前朗伊尔的男人们会去猎杀北极熊，将完整的皮硝好，当家里的装饰。后来熊渐渐少了，朗伊尔城的来复枪越来越像北极传奇中才用得上的道具。几年前，城里突然出现了一头北极熊，它甚至拍死了一个 24 岁的女孩，所以人们在它再次进入 100 米法定危险范围时射杀了它。研究北极熊的教授们解剖了它，才发现，这个北极之王已有半年没吃到一点东西，瘦弱到不成样子，它已是北极的濒危物种。

北极熊之所以缺乏食物，说起来竟要追溯到北冰洋中渺小的磷虾。磷虾处在北极生物链的末端，因为北极的污染，生活在水中的磷虾一年年减少，于是，以磷虾为生的海豹和鸟类也相应减少，从而影响到北极熊的生存状况。除了人类，它本没有天敌。但冰川缩小，冰盖断裂，即使它一小时能游 60 千米，在冰上 4 秒钟就能攻击 100 米之内的猎物，也变得无济于事。它除了找不到猎物,还会因为持续游泳时间过长而被淹死。它不得不攻击人类，最终被人类射杀。那头北极熊如今留在朗伊尔的博物馆里，在聚光灯下它看上去很壮硕，而且自负，因为它此刻已是标本，人们通过标本填充，掩饰了它的穷途末路。

我有生以来的第一堂海洋生物学课，是强·阿尔博士上的，很幸运。他是挪威著名的北极熊研究专家。21 世纪初，科学家们陆续将斯瓦尔巴群岛上的北极熊麻醉，然后为它们戴上卫星定位的项圈，再放回野外。这样，被卫星定位的北极熊，连斗殴都会马上被人掌握。他参加了挪威科学家为北极熊建立卫星定位系统的项目。

北极熊的生存环境出了问题，身体也出了问题。由于身体里残存多氯联苯，北极熊的身体开始发生变异，小熊的存活率也下降了。北极熊的生存状况，让我想起那些人类古老王朝的末路时代，内外一起崩坏。现在，它们又被发现还有心理上的疾患。有些熊似乎已经疯了，疯狂地攻击自己的同类。而有些母熊甚至会吃掉自己照顾的小熊。

“北极熊是北极之王，什么都吃，可就是不吃企鹅，为什么？”答案是:因为北极没有企鹅。企鹅防御能力差，在北极动物的生存竞争中惨败，被北极熊甚至北极狐大量吞食。19 世纪，又遭进入北极的人类大量猎杀。1844 年 6 月 2 日,最后两只北极企鹅被猎人射杀,从此北极便再没有企鹅。而强·阿尔博士在课上说，也许下一个灭绝的北极动物，就是北极熊。

如今，北极熊只能在朗伊尔城居民家的门厅里保留它的传奇，在博物馆里陈列它的传奇，或者，晚上在天上看到它们被星星勾勒出的模样。渐渐地,无法见到北极熊的遗憾情绪开始主宰人们的心情,大家都意识到，在北极看到一个人不容易，看到一头活的北极熊更不容易。这儿、那儿，我们看到的都是与它有关的，却不是它本身。

也许，将来研究北极熊，就不再是海洋生物学家的工作，而是星相学家的事了。但现在的希腊人，还会以当年那样古典的心境描述大熊星座的新故事吗？即使有新故事，在那故事里，会怎么表达永久性的有机污染物多氯联苯呢？

所幸的是，我还能在一个四下无声无息的寒冷夜晚，沐浴在明亮的大熊星座的星光里。雪地里的细小冰凌，在星光下蓝幽幽的，就像在朗伊尔丽笙酒店停车场里看到的一样。那是我第一次看到雪中有什么在淡淡地闪烁,还茫然无知。现在我能分辨出那是冰凌的碎片。它们混在雪中，就好像破碎的镜子。曾有人推测，也许北极熊这个物种可以演变成北极

邝 飚 ┆ 图

棕熊。这就像萨米人如今生活在现代社会一样，他们虽然在朗伊尔城还有一个说萨米语的电视频道，但曾经属于他们的世界已经消失了。萨米语这种历史悠久的语言已是世界濒临灭绝的语种之一。挪威也立法保护萨米语，就像立法保护北极熊一样。

这可真是令人感伤的明亮星光，它像寓言一样在北极的上空夜夜闪烁。

# 动物也贪玩

刘　功

除了劳动、工作、学习等之外，玩也是人类生活的需要之一。这里的玩，其含义是“玩耍”，即人们所做的使自己肉体和精神得到放松和愉快的活动。但玩并非人类所独有，动物也需要玩，也喜欢玩。在动物园或者在动物世界电视片里可以看到这样的场面：动物幼仔，总是喜欢在父母身边嬉闹、玩耍。大象用鼻子卷起一根木头，一会儿搬到这，一会搬到那，或者把木头高高举起摔到地上，再举再摔。海豚喜欢成群逐船戏浪，有时还跃出海面。鲸跃可以说是一种最大气势的游戏了。喜欢独居的老虎，在饱餐一顿之后，会心满意足地在草地上打滚，自我嬉戏，自得其乐。猴子和大熊猫，玩耍的花样就更多了。

玩，是动物从觅食、自卫、繁殖和其他各种约束的活动中解放出来，使肉体和精神充分放松的一种本能行为。动物的玩，尤其幼年时代的游戏，除了单纯玩耍目的之外，与其将来的生活是密切相关的。就是说，动物的玩耍，都是为以后的捕食、自卫、交配和养育后代而进行的练习。

春季，在动物园或乡间，经常看到一些小猴子、小山羊追在异性小动物后面，趴在背上，腰部使劲向前顶，就像成年动物交尾时一样。其实，这些小动物性尚未成熟，所做的并非生理上的性行为，只不过是模仿父辈性行为的一种游戏。这与世界各国儿童都爱玩的“医生瞧病”（男孩医生为女孩病者看病或者反过来）和“过家家”（男孩扮新郎、女孩扮新娘结为夫妇）的儿童游戏相似。只不过后者受人类社会道德的制约，一定程度上受到压抑后成为变相的性游戏，而动物幼仔则是与实际性行为直接联系起来。这种性游戏对动物长大后的生活是有很大益处的，小时的游戏，长大后则成为现实。如果把动物从小就隔离饲养，没有父辈或同类动物性行为可模仿，失去与小伙伴进行性游戏的机会，长大后由于不懂“性知识”，性生活就会遇到困难。

我们经常可以看到老虎、狮子等肉食动物亲子间玩耍的场面：小老虎或小狮子追逐着父母的尾巴，而尾巴就像一只活的小动物那样甩来甩去，逗得小家伙又蹦又跳，又滚又闹，还不时跃起，用前肢捕捉。这样的游戏与长大后真正的捕猎很相似，是小动物捕食的练习。

有时你会看到，一只小老虎在前方潜伏，另一只小老虎迎面走来，突然前者跳出，两只小老虎便争斗起来，煞有介事地打得不可开交。过一会儿，可能会变换一个角色，闹剧又重演起来。到长大成熟后，游戏就变为真实的生活了。联想到儿童们的追逐嬉闹，骑着人扮的马打仗，这也许就是人类争斗欲望的雏形，人类动物性的表现。

从动物的各种玩耍中，可以看到有许多是它们在成年前必须经历的行为。如小羚羊、羔山羊和其他食草动物会玩一些假逃跑的游戏：它们从根本就不存在的捕食者旁边飞快地逃跑。而这种本领，在它们可以安全地食草之前是必须掌握的。在巨鼠、狼和狗这类肉食动物中，小动物会假装捕到了食物，然后煞有介事地跳跃、撕咬、用力扑打、摇晃和咆哮。而这正是它们长大后，捕捉到食物时的情景。小蝙蝠在玩耍时会彼此猛扑，其飞行的线路与成年蝙蝠捕昆虫时，为迷惑昆虫而诡秘飞行的线路相似。小海龟虽然无法跳跃嬉戏，可也有它们自己独特的游戏方式：轮流举起前腿，在玩伴前快速地颤抖，这个动作是成熟后的雄性海龟求爱时会使用到的。在动物园的狼舍或狐舍里可以看到它们所玩的游戏：它们在这里挖一个洞，那里挖一个洞，有时还用刚挖出来的土将原先的洞填起来。挖洞，这在野生状态时是为了做窝，繁殖后代，是这类动物的习性。

动物的游戏不仅仅是一种单纯的消磨时间的玩耍，它们从玩耍中获得许多好处。动物寓教于乐，通过各种玩耍，以训练将来适应各种环境的本领。在密切的身体接触中，去加强它们的亲缘关系和家族观念，传递着集体生活的规则和互助合作的意识。从打闹、争斗和角逐中，培养日后赖以生存的捕食技巧和逃避天敌的本领，也有助于幼仔建立独立的个体意识。玩耍会产生极度的快乐和生理上的刺激，从而促进动物大脑的生长发育。这就是在灵长类和海豚这样一些特别喜欢玩耍的动物中，大脑特别发达的原因。据研究，游戏对促进海豚的智力发育具有重要作用，海豚的高智商来源于它们的贪玩。玩耍时的激烈运动，也有益于肌肉组织和神经系统的生长和成熟。在群居的动物中，玩耍有助于动物顺利地进入集体生活的行列。动物玩耍的时间越长，它成为集体成员一分子的机会就越大，因为游戏会慢慢地形成集体的内聚力或亲和力。

成年动物几乎没有时间去玩，因为它们要找寻食物，防止敌人攻击，到了繁殖季节还要为争夺配偶而激烈格斗。成了亲的，还要养家，有时间玩耍的，只有在幼儿时期。这和人类一样，儿童期玩耍时间多，一到成年就越来越少。在儿童生活中，玩是主要的，在玩中长身体、长智慧。但有些家长“望子成龙”心切，加重孩子的学习负担，忽视孩子的玩耍，这不利于孩子的健康成长。

# 从不生病的动物

杨　茉

在自然界中，有些动物从不生病，这是怎么回事呢？近年来，科学家经过潜心研究终于揭开了其中奥秘。

## 鲨鱼

将鲨鱼养在封闭的充满致癌物质的海水里，数年之久都不会生癌。原来，鲨鱼软骨中有一种能抑制实体瘤在血管生长和直接抑制肿瘤细胞生长的物质，叫抑制血管生长因子。科学家研究表明，鲨鱼软骨能增进抗体产生，激活体内免疫系统中重要功能细胞，如T细胞、B细胞和巨噬细胞等。鲨鱼软骨所含黏多糖、硫酸软骨素就是提高免疫功能和抑制炎症反应的主要成分，几乎对所有细胞都具有免疫力。

## 蚂蚁

蚂蚁生活在阴暗、潮湿的地下，然而它们却从来不生病。澳大利亚科学家揭示了其中奥秘。原来，蚂蚁有抗菌的腺体，具有特异免疫功能，能够抵御葡萄球菌和其他多种疾病。此外，蚂蚁分泌蚁酸，而蚁酸有很强的杀菌作用。

## 蚊子和苍蝇

蚊、蝇尽管接触污染物，十分肮脏，但却终生无病。

原来，它们的新陈代谢迅速，病菌来不及繁殖、作祟就被排泄出来。

此外，苍蝇的免疫系统发射抗菌活性蛋白，它杀菌力极强，1 毫升就能杀死体内全部细菌和病毒。

## 蜜蜂

蜜蜂也很少生病。科学家发现，蜜蜂中含有一种蜂胶的物质，它对病菌、霉菌具有较强的抑制和杀灭作用。

不生病的动物对人类有所启迪。美国专家对晚期癌症病人采用鲨鱼软骨粉治疗，结果肿瘤缩小，用鲨鱼软骨粉治疗早期癌症效果尤佳。

蚂蚁分泌的蚁酸有很强的杀菌作用，人类以蚁为原料制成新药，为人类健康服务。近年来，人们利用蜂毒抑制风湿性关节炎，利用蜂胶调节人体分泌系统，分解体内毒素，净化血液循环，为人类健康带来了福音。

# 动物们的纵欢时刻

姬十三

2006 年 5 月 17 日那天，一头迷路的野猪跑入陕西一所法院，悄然酣睡在后院的过道上。被工作人员发现之后，野猪大发脾气，不肯乖乖离去，很闹了一阵儿，最后被闻讯而至的武警击毙。

比起一本正经的人类，动物虽然更加血性洋溢、野性十足，但在日常生活中，它们却表现得颇为隐忍。它们晓得如何在动物园里保护自己，不给饲养员添麻烦；如何乖巧谄媚，从游人那儿弄到吃食。家养的宠物，性情更是温顺娇弱，近似婴孩，满足人类怜宠的心理。实验室里的老鼠和猴子，则会懂得跑迷宫，在屏幕前做选择题，只在被捕杀的刹那，才会做拼死的挣扎。连放纵在自然界的野兽，若非惹急了，也不轻易与人类为敌。

不过呢，就像我们要时不时除去正装跑到 KTV 去吼一吼，动物也不乏性情流露和放纵享乐的时刻。性格静默的野狼，会在月光下放声悲鸣；而在宫崎骏的动画里，狸猫常常在夜间变成人形，跑进城市来狂欢。

现实生活中，宠物猫素来是温顺的典范和众多受虐事件的主角，但它们也有触动野性的小命门——猫薄荷。猫薄荷是有着灰绿色叶子、紫白色花的薄荷科植物，是诱惑猫儿进入狂欢舞会的入场券，连那些优雅从容的高贵猫种，也根本无法抵挡它浓郁的香味。你若把猫薄荷的叶子弄碎扔到地上，它们就会跑过来，围着叶子转，用爪子刨。如果味道足够强烈，猫便变成了虎，狂暴、流口水、神志不清地在地上打转，简直像人嗑了摇头丸。这种状态能持续 5~15 分钟。

猫薄荷里催情的成分是荆芥内脂，这种挥发性的物质，多半是通过猫犁鼻器中的受体，触动体内掌管性欲或情绪的神经通路，但科学家们还不知道荆芥内脂是如何调动猫的神经系统的。有意思的是，对人类来说，猫薄荷则有意外的镇静作用。有些人说猫薄荷的香味能帮助他们入睡，猫薄荷还有治疗偏头痛的用途。

动物不单单喜欢“嗑药”，它们也爱沉溺于酒精世界。大象就是其中臭名昭著的一员。非洲象在吃了发酵果后，会变得极其兴奋而富于攻击性，而它们的亚洲兄弟则经常在醉后撒野，跑到村庄攻击人类。

2002 年 12 月，在印度东北部，有几头大象在破坏一个谷仓后意外地找到几桶米酒，喝完之后，它们就开始横冲直撞，造成一场 6 人死亡的交通事故。

酒后飞行则更危险。常有报道说，吃了发酵果的醉醺醺的鸟儿撞到建筑物或树上，然后一头栽下来死掉。这些肇事者尤以知更鸟和腊翅鸟为甚。每年春天，冻硬的果子开始解冻，某些鸟类就吃掉这些容易发酵的果子。曾有研究表明，有些腊翅鸟因为毫无节制地吃了过多的发酵果而引发酒精性肝病。可见，放纵也会危害禽兽。

不过，如果想守株待“鸟”，拣几只醉鸟尝尝，恐怕并不容易。

密歇根州立大学的斯科特·菲兹杰拉德曾报道，有一位妇女因一些腊翅鸟猛然从房顶坠落而饱受惊吓，她说：“它们乱哄哄地飞，就像喝醉了，然后突然直直地掉在地上。”研究者对两只死于一起交通事故的鸟儿进行解剖，在它们的体内找到了一些发酵过的山楂果，并且发现它们体内的酒精量足以让它们完全醉倒。

猴子也喜欢喝酒，但是更接近人类的风格，懂得节制。曾有研究者在加勒比海的一个岛屿观察一群猴子的喝酒行为，发现大约有15%的猴子是绝对的禁酒主义者，而剩下的也大都显得颇有节制，甚至会用果汁对了酒来喝，只有5%的猴子纵情饮酒，直喝到烂醉如泥。

有一项研究颇为细致地比较了猕猴和人类的饮酒行为。研究者先将21只猴子做好标记，让它们集体在一个房间里随意饮用一种甜酒，度过“欢乐时光”。随后，其中10只猴子分别被弄到单独的房间，独饮杯中物。研究者测定两次实验后猴子体内的酒精浓度，对比它们在不同环境下的饮酒行为。

这项滑稽的实验有何意义？实验的研究者之一的马里兰健康动物中心的一位科学家表示，“看到猴子们跌跌撞撞、翻跟头、呕吐真是一件不寻常的事，有些嗜酒的猴子会一直喝到倒下为止”。当然，他也解释道，这篇发表于2006年5月的科学论文并非只是看猴戏。他们发现，有些猴子“血液中的酒精浓度超过了美国许多州的合法水准”；猴子的饮酒行为也像极了人类，“比起在群体中，单独饮酒的猴子会多喝2到3倍。在集体中时，有许多因素限制了它们尽情享用酒精，例如社会地位或等级制度。

等级高的猴子似乎有所顾忌，在群体中会克制着不怎么喝酒。”

此外，像人类一样，猴子的纵欢也随心情而异，若是经过长时间的实验后情绪紧张，猴子们就更倾向于狂饮。要知道，它们又不用埋单，干吗憋着呢。

# 动物生病也心烦

大　宇　编译

在研究者眼里，动物的许多疾病和人类几乎一模一样。从最常见的腰痛到糖尿病，可以说应有尽有。而且千万不要以为精神方面的疾病是人类的“专利”。根据法国和美国科学家的研究，比如说豚鼠，它们和我们一样也会得上一种名叫“自闭症”的精神疾病。这种病一般被认为是小脑发育不良所致，得了这种病的豚鼠和人类中患上自闭症的病人的反应是一样的：与外界沟通困难，而且难以适应周围环境的变化。

在研究中科学家发现，灵长类动物也存在着精神方面的问题。在坦桑尼亚的一个公园，科学家对狒狒进行了详细的观察。这些生活在动物园里的狒狒，个个都像生活在天堂一样。因为这里的食物供应丰富，狒狒们从不为吃喝犯愁。于是在填饱肚子之后，公狒狒就把大量的时间用在了无休无止的争吵和打架上面。它们在打斗中拉帮结伙，建立起严格的等级制度。

科学家们发现，在森严的等级制度下，公狒狒们分成“主人”和“随从”两种。那些身处“统治阶级”的公狒狒，应激激素的分泌速度无一例外地高于“随从”。这种生理机能优势带来的直接后果是：在打斗中它们总能占到上风。不用说，打斗中的胜利者，可以得到更好的食物，可以在午睡时霸占最阴凉的树阴，可以拥有更多的母狒狒。

更有意思的是，当打斗结束以后，“主人”体内应激激素的浓度又可以在很短的时间内降下来。至于那些“随从”，它们体内的应激激素不但浓度上升的速度慢，而且升上去之后在很长时间里不能平息。由于应激激素的存在会给器官带来一些负面影响，这些“随从”不免更容易受到精神紧张的困扰并患上此类疾病。

当然，这并不是说人类能患上的每一种疾病，在所有动物身上都能发生。有一些动物对人类患上的某种疾病有着天然的“免疫力”，这实在源于造化的奇妙。

比如说牙痛。科学家几乎可以证明，大海里横行的鲨鱼，基本上不会受到牙痛的折磨。人类在乳牙脱落长出恒齿之后，掉一颗少一颗，无法自然更新。鲨鱼则不然。以“海洋杀手”大白鲨为例，这种鲨鱼有一种更新牙齿的“绝技”，它可以无休止地换牙直到终老一生。大白鲨撕咬猎物时，它的颌骨所造成的咬力，每平方厘米可以达到0.029牛顿。它咬海龟的硬壳时，难免会丢掉一些牙齿。然而它对此毫不在意，因为它很快就可以长出后备的牙齿填补上“前任”留下的空缺。

不少人都受到过腰椎间盘突出的折磨。腰痛发生前，往往没有任何先兆。一个不正确的姿势，运动时冷不丁闪了一下，有时仅仅是着了凉，都可以引发腰痛。不过请别因为自己腰痛而怨天尤人！研究表明，几乎所有脊椎动物都有腰痛的毛病，有一些犬族，也会像人一样患上椎间盘突出的毛病。然而，这种病就不会落到蚯蚓的头上，原因是这种动物根本就没有脊椎，它们用轮匝肌和纵肌代替脊椎。

每到冬天来临，医院里常因感冒流行而人满为患。可是整天与冰雪为伍的北极熊，一生都不知感冒和发烧是什么滋味。科学家告诉我们，除了身上厚厚的脂肪层，北极熊还有一样对付严寒的法宝，那就是它那中空而透明的毛。北极熊的毛就像千万根细小的管子，通过阳光的折射作用把里面的空气加热，然后再传到表皮。正因为随身带着“暖气”，北极熊才能在 -40℃的寒风里泰然自若地捕食嬉戏。

看来，动物和我们人类一样，都是芸芸众生中的一员，皆有百病生，皆为百病苦，“终生免疫”的本领皆源于自然造化。

# 动物的“直觉”

汪 清 编译

发生在2004年12月26日的印度洋海啸导致了超过20万人丧生，可为什么当地的野生动物却幸免于难呢？对此现象，科学家并不感到惊奇。他们早就发现，任何种类的动物总是能先于人类发现危险的迫近，并提早逃之夭夭。

斯里兰卡东南部有一个面积超过1000平方公里的大型野生动物园，海啸发生时，海水已经没过了离海岸3公里远的土地，造成两百多人死亡。而生活在这里的两百来头大象、豹子、水牛、野猪、鹿、猴子等却无一丧生。惊魂未定的该国自然保护机构代表确认了这一事实：“令人惊奇的是，大灾之后这里没有发现任何动物的尸体，无论是大象，还是小野兔。”灾后乘直升机在这个野生动物园上空巡游过的美联社摄影记者也证实了这一点。斯里兰卡还有一个小岛，那里是蝙蝠的天堂，这种小东西一般白天都处于睡眠状态，可是在海啸发生之前，它们奇迹般地纷纷飞出洞穴，躲过了这一劫。

其他地方的各种现象也证实了动物对海啸的预见性：火烈鸟离开它们赖以繁殖的栖息地，搬到了地势较高的地方；家犬拒绝出门；动物园里的动物们都不肯离开自己的窝圈。在泰国受灾最重的旅游度假胜地拷叻，大象还救了几个日本游客和驯象人的命。驯象的小伙子通丹对法新社记者描述了那天的情景："海啸发生那天很早的时候，这群象就开始不停地叫唤，而且不听指挥，总是朝大海的方向张望。后来它们挣脱了绳索，开始向高处跑去。我们也纷纷跟着它们往山上跑。

跑到半山腰的时候，我回头看了一眼，正看到第一个大浪席卷海滩，把那些毫无防备的人都卷进了大海。我当时惊呆了。"

在泰国的皮皮岛，得以逃生的人们应该感谢的，却是水中的鱼。

在看到成千上万条鱼争先恐后地游向远离海岸的洋面时，一艘游艇的艇长警觉起来，急忙召集在岛上嬉戏的游客上船，把船也驶向深海，从而避免了游艇的倾覆和游客的遇难。

动物具有比人类更早地感知危险的能力，并非在这次海啸中才被证实。早在公元 2 世纪，希腊著名军事著作家埃利亚努斯就讲过，公元前 373 年大地震的前 5 天，希来克的居民发现动物们有些反常，老鼠、貂、蛇、千足虫、甲虫，还有其他一些小生灵，全都沿着一条通向南方的道路匆匆逃离城市。当时没有人能理解这种奇怪的现象。再早十几年，也就是公元前 390 年，罗马那个关于大雁的著名的传说，也说明了动物对于某种不易察觉的信号有所反应。当时高卢人夜袭罗马，睡梦中的罗马人及时醒来。叫醒他们的不是狗，而是大雁。二战期间的一个传说也与大雁有关：1944 年 11 月 27 日，飞翔在德国弗赖堡上空的一只大雁因预感到敌机的到来而惊鸣不止。在空袭前的半小时,大雁绝望地飞离了该城，跟着大雁离开城市的居民也因此得救。直到今天，该城的城市公园中还矗立着大雁的雕像。

在日本，人们是通过观察自家鱼缸里金鱼的活动来预测地震和火山喷发的。1991 年火山爆发之后，一个当时正在日本的法国记者在《巴黎竞赛画报》上发表文章说："金鱼是不会撒谎的，地震发生前的几个小时，金鱼会在鱼缸里不停地转圈，这就是信号……在日本这个地震频发的国家，人们都懂得这种信息……"

1999 年 12 月 26 日的暴风雨袭击欧洲的时候，几乎没有动物因此而死亡。菲利普 · 韦利博士在他所著的《动物的第六感》中写道："公园里有上千种动物，但没有一个动物受到伤害。一棵大树砸倒了 wallabie（一种形似小袋鼠的动物）的窝，奇怪的是这些小动物当时都不在家里！法国里昂近郊建成于 1974 年的波格尔狩猎公园曾遇到一次严重的水灾，但不可思议的是，所有动物都提前找到了避难所，无一伤亡。"

动物给我们留下太多的谜，也难怪在有关地震的各种传说中，动物常常被牵扯进来。例如，印度有一个神话故事，就是讲有一只巨大的乌龟伏在盘着的眼镜蛇身上，又有四头象站在乌龟背上，共同支撑着我们的大地。如果这些动物中有一个晃动了，打破了它们之间的平衡，就会引发地震。在西伯利亚，传说大地是被放在一个雪橇上，雪橇由一只浑身长满跳蚤的狗拉着。当狗搔痒的时候，大地就会晃动。

欧洲还有一个关于一条凶猛海蛇的传说，据说它动一动，就会掀起海啸或发生地震。

若是细究动物在灾害发生前的表现，很多科学家都会感到困惑。

法国科学院院士、生物研究中心研究室主任伊万·勒马奥先生谈及此事不无遗憾："在西方各国，大多数关于地震之前动物行为特征的研究都是无果而终，至今没有令人信服的成果。现在，科学家也只能根据人类掌握的动物的感知能力和交流方式，做一些假想。"

不过，在海啸发生之前，泰国拷叻度假区大象的行为还是可以解释的。著名的动物学家皮埃尔·菲弗是法国研究大象的专家，他解释说，这类哺乳动物能在海啸或地震前有所预见，得益于它们远远优于人类的听力和它们拱形的足底。大象利用次声波进行交流的原理，是由专攻生物声学的美国科学家凯蒂·佩恩发现的。1984 年她在俄勒冈州的波特兰动物园搞研究时发现，每每靠近大象之类的厚皮动物时，总能感觉到"空气中有一种轻轻振动的微波"。她利用录音机在这样的环境中录了音，并进行分析，终于捕捉到一种低音频的声音，这是一种人类无法听到的次声。为了证实自己的假设，佩恩在肯尼亚和津巴布韦生活了十几年，后来出版了《大地寂雷：大象的声音互联网》一书，记载了这一段考察经历。

研究证实，位于大象鼻子和头颅中间的鼻窦能发出一种 20 分贝的声音，在没有障碍物的情况下，这种声音能传出 80 公里远，即使有障碍物阻挡，也能传出 10 公里远。当有危险迫近的时候，惊慌失措的大象会发出尖叫，并把两耳张开，鼻子竖起，有时还会逃跑。整日和大象生活在一起的驯象人对它们的这一习性很了解，会据此判断可能是有暴风雨、汽车、猛兽或者是猎象的人要来了，而这时危险离它们还有好几千米之遥。大象的足底呈拱形，周围有角质物，与地面直接接触时对振动十分敏感，可以轻易判断出危险来自何方。

无论是在海上、空中还是陆地，动物都能够捕捉到一些信息：陆地或海洋的声波、化学变化、电磁场的改变等等。鸟类、海龟和鱼类都是利用磁场来辨别方向的，但也不是所有动物都能及时地收到信号。

就以对外界环境变化最不敏感的睡眠状态为例，不同种类动物睡眠状态的持续时间是不同的。易受伤害的动物比如鹅，它的睡眠状态要比捕食性动物短得多。还有专家发现，不同类别的动物之间也会相互传递信息。离震中最近的动物会通过一些反常的行为来警示其他动物，比如，本该昼伏夜出的蝙蝠突然大白天飞出了洞穴。

对动物有此类观察的科学家们认为，动物并不存在“第六感”，它们所具有的其实和人类一样，就是对自然界的洞察力，只不过它们的洞察力要比我们发达得多。然而，动物被封闭驯养或家养以后，这种能力会逐渐退化。近期日本科学家对海豚的研究结果证实了这一点：

自然界中野生海豚的叫声要比驯化的海豚大 10 倍。这也解释了为什么在去年 12 月的海啸发生之后，发现了大批家养动物的尸体。

这个研究结果也使人们发出了新的疑问：人类对自然的洞察力是否也会逐渐丧失呢？在海啸发生之前，印尼的加洛瓦等土著居民纷纷离开海岸，转移到丛林深处，这一事实更加深了人们的疑惑。是不是这些还远离现代文明的土著居民也具有接收自然界信号的能力呢？或者他们仅仅是跟着受惊吓的动物们一起逃离了？很难说清楚。有些科学家这样认为：人类高度社会化的生存环境，使得人的感觉器官因自小没有接受足够的训练而没有得到完全开发，当然，专门分辨香水类别的那些专家的鼻子除外。某个人在某些方面的不足，自然会由社会分工不同的其他人或是用其他方式来弥补。然而迫于残酷的生存竞争，野生动物却不得不在日常生活中“全天候”“全面”地发展和完善感觉器官的功能。

在自然灾害到来之前，人们如果能根据动物的某些反应及时采取措施，就可能免于一死。那么，为什么人类不调动自己感知自然的能力，并且注意观察身边的动物呢？人们亲口传述的各种故事，都为研究动物优于我们的感知能力提供了充分的理由。但是，在行为科学领域的研究手段还不发达的情况下，这些研究尚难有所突破。

# 奇妙的警戒点

王　平

## 人体内的警钟

一个军医，因治疗伤兵，已经几天几夜未好好休息。在一个治疗间隙，他倒头呼呼大睡起来。突然从前线又运来了一批伤病员，需要立即叫醒这个军医。可是，不管人们用手推他，还是往他脸上喷水，都难以叫醒他。最后，还是他的助手想出一招，在军医耳边轻轻地说“伤兵又来了，请你起来动手术”时，他毫不迟疑地一骨碌爬了起来，投入工作之中。

有一天晚上，有个人家的妻子和小孩都已进入了梦乡，丈夫下班回来因忘带钥匙无法进屋。他爬在窗户上无论怎样喊叫也不能叫醒妻子。忽然，丈夫灵机一动，嘴贴在窗玻璃上叫了声：“妈妈，我要尿尿。”果不其然，妻子马上醒来，丈夫也因此进了屋。

这是什么原因呢？原来人在睡眠期间，整个大脑皮层都处于抑制状态,但其中也有某个不受抑制并处于兴奋状态的部位,这个部位被称为“警戒点”。警戒点的神经细胞没有被抑制，对外界保持着一定程度的警觉能力。通过警戒点，睡着的人可以与外界保持联系。

科学家做了一个有趣的实验，他们给睡眠者反复播放有许多人名的磁带,当睡者听到正与他热恋的少女的名字时,脑电图就会马上发生变化,皮肤电荷也有变化，对其他名字则没有任何反应。真可谓心有所系，睡眠难忘，警觉灵敏。

## 警钟响法不一

警戒点并不只是单一的一种形式。前面所举的例子里，人的大脑的警戒点是通过外界的刺激或提醒而被唤醒的，自己本身并没有自动从睡梦中醒来，这种警戒点具有一定的被动性。还有主动性的警戒点，即不需外界的任何刺激或提醒，可以自动地从睡眠状态恢复到清醒状态，这种警戒点在大脑中的神经细胞处于高度的警戒状态。生活中这样的事情很多，比如平日里六点钟起床，可是某日需要凌晨四点钟起床搭乘火车，那么不用闹钟一般人也会提前起床。

形成主动警戒点和被动警戒点的事情并没有轻重之分，并不是形成主动警戒点的事情就重要，形成被动警戒点的事情就不重要。一般形成主动警戒点的事情是人们提前知道将来一定会发生的事情，而且知道具体什么时间将要发生，潜意识里已经做好了准备，这样在大脑中事先就预留了一块没有被抑制的区域，所以人们可以主动醒来。如人们凌晨四点钟去赶火车，是人们事先已经知道这件事在什么时候会发生，所以在大脑中形成了主动警戒点。

而形成被动警戒点的事情出现一般是不定时的，你不知道它什么时候会发生，只知道这件事将来有可能要发生，所以只有等到它发生的时候，才会醒来。像母亲听到婴儿的哭泣声，马上会醒来，因为婴儿的哭声是不定时发生的，不像赶火车已经规定好了时间，到时一定会发生，所以母亲的醒来需要婴儿的哭声来提醒，当婴儿不哭时，母亲一般不会醒来。

警戒点是有选择性的，不是随便一件事情就可以成为大脑中的警戒点，一般必须是人们心之所系、密切关注的事情才能在大脑中形成警戒点，而且警戒点随着事情的变化而改变。比如当婴儿长大后，婴儿的哭声在母亲的大脑中会渐渐失去警戒点，别的事情又会在母亲的大脑中形成新的警戒点。大脑中的警戒点也可以不止一个，像公务比较繁忙的人，比如公司的 CEO，有时可以好几件紧急的事情在大脑中形成不同的警戒点。

随着人类的进化，警戒点也在进化。警戒点并不是只有在睡眠中才可形成，现在人们不论在清醒或睡眠的条件下，大脑都可以形成警戒点。比如你正在吃饭或者看书时，大脑突然提醒你，你忘记了一件重要的事情。

## 警钟，不可缺少

大脑的警戒点是人类长期进化而形成的一种自我保护能力。在古代，人们常受到群兽的威胁，即使睡觉时也要保持高度的警惕性。久而久之，人的大脑中便保留了一个奇妙的警戒点，这个警戒点甚至在人酣睡时也是清醒的，所以有的人形象地称之为“值勤哨”。

警戒点最初只是让人类在睡眠中可以自我保护，现在，随着人类文明的进步，警戒点除了它最初的作用外，还可以提醒人们注意到重要的事情，完成必要的任务。因此，人类的警戒点的作用就有了进一步的扩大，当人们需要完成关键的工作时，警戒点的钟声就会响起。

正是由于人类大脑中有了这种警戒点，才使人们的意识与客观事物经常保持着联系。人们能随时注意到各种新的情况，特别是那些突如其来的事态。比如股民对股市的涨幅特别敏感，大公司和集团的倒闭或破产他们就会最先注意到。

从大脑的警戒点我们也可看出睡眠是可以自行控制的一个过程。

何时就寝，何时起床，都可以凭借个人意愿来控制和调节。有了警戒点，那些爱睡懒觉的人，即使遇到需要早起的事情，也不用担心了，因为你的大脑里有一个钟，它会自动提醒你的。

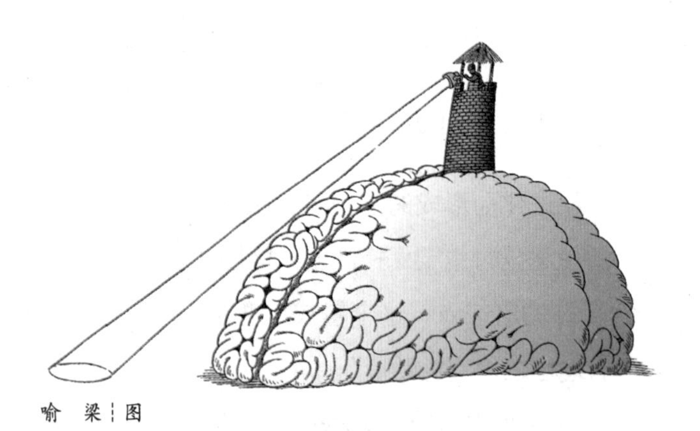

喻　梁┆图

# 向动物们学习

殷　卫

在美国新泽西州，有一位叫莫莉的著名兽医，劝告人们向动物学习。莫莉拿了几种动物做例子：

狗：不论曾经遭受过何种痛苦，很快就可以将不幸抛开，尽情地享受眼前的欢乐，细细咀嚼它所找到的每一根骨头，或者在公园快活地奔跑。

猫：从不为任何事发愁。如果感到焦虑不安，即使只是最轻微的情绪紧张，它都会去睡一觉，让焦虑消失。

鸟：懂得享受生命。即使最忙碌的鸟儿也会经常停在树枝上唱歌。

当然，这可能是雄鸟在求偶或雌鸟在应和，不过，我相信它们大部分时间是为了生命的存在和活着的喜悦而欢唱。

莫莉说，不论是家里的猫狗，还是草原上的狮子，它们都有一个共同的特点：睡眠充足，想睡觉时就睡觉；饮食有节制，肚子饿时才进食；每日都运动；永远不会为昨日的事懊恼，也不会为明日的事担忧。

动物们的这些朴素、简单、自然的生活方式，其实正是人类长期以来所倡导和追求的健康长寿法则，有的人穷其一生，都未必能达到这样的境界。人虽为万物之灵，但在对待生命的态度和活法上，还要向动物们借鉴学习才是。

# 自然造化的奥妙

黄德揆

在漫长的进化过程中，人类创造了自己的文明，建立了自己的社会和国家，发展了自己的文化艺术和科学技术。所有这些，地球上其他动物均望尘莫及。不过和大自然相比，人类所取得的成绩就微不足道了。因为高深莫测的大自然创造的每一个奇迹，提供的每一个榜样，都让人感受到造化奥妙，学无止境；大自然创造的精妙“机关”，无一不是神妙无比，让人叹为观止的。下面列举的事例，仅仅是其中的几个侧面而已。

## 就地取材，细工出“硬活”

提起海螺、鲍鱼、蚌壳等软体动物外壳时，人们总是赞叹有加。

因为软体动物都是就地取材，利用最常见的碳酸钙原料，遵循着高效无污染原则，营造出各种坚固耐用、千姿百态，诸如球形、塔形、烟斗形的贝壳式建筑群落。

在高倍数显微镜透视下，鲍鱼的建筑物——外壳露出了庐山真面目：它们由一层一层的组织黏合而成。观察如果再深入些，还可以看到层状组织由厚约 0.005 毫米的“碳酸钙砖块”堆砌起来，使用的“水泥砂浆”则是软体动物自身分泌出的有机糖蛋白胶。在有机糖蛋白胶黏合下，软体动物的建筑坚如磐石。

在亿万年进化过程中，软体动物学会了变简单为神奇技术。所以它们能“翻手为云，覆手为雨”，将信手拈来的碳酸钙，建造成硬度提高了十多倍的外壳。人类要是用相同的碳酸钙原料，制成像鲍鱼外壳那样坚硬的复合陶瓷，不仅在原料磨碎、成型、烘烤过程中要消耗大量人力和能源，在韧性和自我修复方面，仍然略显不足。就是说，在软体动物的建筑面前，我们自叹弗如。

## 小小蝴蝶的喷气动力

在昆虫世界里，蝴蝶显得分外妖娆，特别是它们在百花丛中，在绿茵地上翩翩起舞时产生的流光溢彩，常让人眼花缭乱、流连忘返。

宝岛台湾的紫斑蝶像候鸟一样迁飞。2001 年春季，研究人员在 6 天里，观察到 12 万只紫斑蝶随气流爬升，沿山脊攀援时，形成了 3 条十分罕见的“蝶道”。娇艳美丽的美洲黑脉金斑蝶，看上去弱不禁风，可是它们创造了迁徙史上的奇迹：当它们从加拿大起程，飞抵遥远的墨西哥越冬时，跨山越海的行程达四千余千米……可见蝴蝶是名副其实的“飞蝶”。

一些科学家用空气动力学原理分析蝴蝶飞行时，却发现蝴蝶翅膀在扇动过程中，有三分之一的时间合在一起，看起来像是在得不到空气支持的条件下飞翔！大自然显然没有理会科学家的惊讶,依然让蝴蝶“合翅”高飞。

其中奥秘究竟在哪里？当科学家用高速摄影机拍摄黄粉蝶的飞行过程时，才看清蝴蝶翅膀上下扇动时，形成了一个漏斗形状的喷气通道，喷气通道的长度、进气口和出气口的大小形状，都按一定的规律变化。蝴蝶飞行时，空气就沿着喷气通道从前向后喷出。这娇艳美丽的蝴蝶，竟依靠如此先进的喷气发动机来推动。

可是人类直到20世纪20年代，才提出用喷气发动机替代螺旋桨发动机的构想。1944年，德国、美国和英国的喷气式轰炸机陆续步入实战。第二次世界大战结束后，喷气发动机才广泛应用到波音、麦道、空中客车等民航客机上。

尽管人类制造的喷气式飞机具有功率强大、速度快、用途广等优点，可是它们消耗很多能源和污染环境的缺点也很明显。在大自然面前，人类的这一发明至多算平分秋色。

## 光纤为媒，各取所需

光导纤维的发明，带动了通信领域内的革命。特别是在互联网上，如果没有光导纤维构筑宽频带大容量的高速通道，互联网只能停留在理论的设想上。因为光导纤维容量大、速度快，长距离传送信息时，几乎没有能量损耗。

让人始料不及的是，在深邃海洋底部生活的低等动物海绵身上，早已武装了这项被人类视为高新科学技术的产品。不要小看海绵的光纤系统，虽然不过是生长在它身体四周，由一些半透明薄膜构成的骨针。过去，科学家也以为这些骨针只是海绵用以支撑身体和防御天敌用的。哪知骨针良好的导光性能，和现代光导纤维材料有异曲同工之妙。一生都为生存抗争的海绵目的简单：用自己的光纤设备，为与它们共生的绿海藻多提供一点亮光，以吸引更多的绿海藻来自己身边安营扎寨，从而争取到更多的藻类食物。绿海藻也有所得，它们可以从海绵的“光导纤维”那里得到自身需要的光能。要知道被阳光忘却的黑暗海底，获得能量很不容易。既然深海海绵用自己光导纤维——骨针，为它们提供了免费的能量——阳光，又何必将它们拒之门外呢?

于是，深海海绵与绿海藻唇齿相依的共生关系，在光导纤维——骨针的搭桥牵线下形成了。

利用光导纤维传递信息，人类和海绵各取所需，但是大自然先行了一步。

## 不伤无辜的“化学武器”

通常植物受到昆虫的侵犯，都会释放有毒化学物质。一是通知其他植物加强防御，加紧制造“化学武器”——有毒的化学物质；二是给这些昆虫的天敌发信号，请它们赶快前来捕食害虫。不久前，加拿大布罗克大学的阿伦·布朗教授用试验予以证实。他把毛虫分别放到大豆和烟草的叶子上。当毛虫爬行 20 秒钟后，这些植物开始在毛虫爬过的地方释放有毒化学物质——过氧化物。原来昆虫的足接触叶时会产生一种吸力，植物监测到这种吸力效应后，很快采取行动。

我们再去看看动物如何应对。美国科学家最近发现，有些昆虫，如美洲棉铃虫的幼虫，不仅能“窃听”到芹菜等植物发出求救的气味信号，还能根据这些气味信号判断植物可能产生何种毒素，并赶在植物施放化学武器之前，制造出合适的“解毒剂”。

人类在第一次世界大战中开始使用化学武器。1995 年，日本邪教组织“奥姆真理教”成员曾在东京地铁内释放沙林等化学毒气。这些事件均显示：凡是化学毒气弥漫到的地方，无论人畜还是自然环境，都不能幸免。相比之下，动植物间的化学战争形式更高级，至少它不伤及无辜。

以上的事例，虽谈不上全面，但是它表明在神奇的大自然面前，人类的许多发明不仅在时间上迟到一步，而且在功能上稍逊一筹，并有许多负面效应。在大自然面前，我们只有通过学习来扩大自己的视野，丰富自身的知识。

# 苍蝇难打之谜

胡连荣

谈起打苍蝇，相信大家一定会有相同的感受，即苍蝇反应特别快，十分难打！

一些人至今仍还在纳闷：小小臭苍蝇，为什么反应会如此神速？为了揭开其中的奥秘，研究人员专门对苍蝇展开了调查。

## 耳聪目明

有关人员首先对一种拟寄生苍蝇进行了研究，他们发现这种苍蝇的听觉极其灵敏。

随后他们进一步发现，原来这种苍蝇的胸口上竟然长了两只“耳朵”，而且两“耳朵”

鼓室彼此相互紧挨着，中间间隔仅约100微米。当靠近声源的一只“耳朵”首先听到声音后，它会立刻把信息传递给神经系统。神经系统随即测定两耳之间的压力差，这一测算过程只需50纳秒（1纳秒等于$10^{-9}$秒），然后它就会给肌肉发出信号，使其对声源做出逃避反应。这种结构使得苍蝇听觉器官辨别声音以及传递信息的速度比人耳快了好多倍。在这种情况下，人类的进攻行为通常早被苍蝇灵敏的听觉系统所识破。

此外，苍蝇的视觉系统也极其发达。苍蝇身上许多微小器官都与其眼睛直接相连，甚至它们的大脑也几乎全部都参与了处理视觉信息的活动。苍蝇因为没有眼皮，所以它经常不停地用爪子擦拭自己的眼睛，以便保持眼睛的清晰度。苍蝇眼睛的反应速度是人眼的10倍。日光灯每秒

喻　梁｜图

闪烁60次，对于这点，人眼根本察觉不到，然而苍蝇可以毫不费力地看出来。正是苍蝇敏锐的视觉能力才促成了它们动作神速的特点。苍蝇眼睛获取视觉信息并及时做出反应，这一过程最快时只需三万分之一秒，这明显比人类反应快出许多倍。

与苍蝇灵敏的视觉相呼应的是，苍蝇在急速飞行的时候，它还能够根据具体情况随时改变飞行方向，从而躲避来自任何方向的突然袭击。而实际上，人类从盯准到挥手拍打苍蝇，这一神经传递过程远不如苍蝇快，难怪我们有时面对苍蝇，只能望而兴叹。

身怀绝技苍蝇很难被人打到，还有另一个原因，即它们具有“飞檐走壁”的特异功能。苍蝇可以在光滑且竖立的玻璃板上行走自如，它的跗垫和玻璃板之间的附着力足以防止身体下滑或摔下来。苍蝇甚至还可以倒身依附在天花板上静止不动，让站在下面准备攻击它的人干瞪眼没办法。有人曾经拿其他飞虫与苍蝇作过比较，他们发现，即使其他飞虫的重量与苍蝇差不多，但由于体形不一样，这些飞虫的地面吸引力远远大于苍蝇，最后这些飞虫足下跗垫的附着力无法与地面吸引力相抗衡，于是飞虫就容易掉下来。苍蝇正是由于自身特殊的体型，它才可以轻巧地行走于房间的任何立面乃至天花板的平顶。

这也是苍蝇为什么总是难被打到的原因之一。

苍蝇集多种绝技于一身，这使得当外界物体对它进行攻击时，它能够很敏捷地躲开。

当然，若是在苍蝇心不在焉，比如趁它扭头伸腿、梳理翅膀的时候下手，那结果肯定就不一样了。总之，打苍蝇的确不是一件容易的事情。

苍蝇给我们的启示人们拍打苍蝇只是基于大家对苍蝇的憎恶感，而实际上，随着人们对苍蝇的进一步了解，人们从苍蝇身上得到的启示越来越多。苍蝇在地球上生活的时间远比人类长得多，苍蝇在漫长的历史演化中，不断适应环境，从而练成了现在特殊的本领。从某种意义上讲，我们完全可以借鉴苍蝇的这些本领，而没必要与它们为敌。

在医疗领域，苍蝇有一种奇妙的功效，比如当传统的外科手术和抗生素对人体治疗失败时，人们可以利用丝光绿蝇的蛆芽在患者伤口处加以处理，从而达到治疗外伤的效果。如今德国北部一些医院的科研人员已将这种蛆芽应用于临床。他们将新孵化的蛆芽放入患者伤口处，然后稍微加压包扎 3~4 天，这些蛆虫就会吃掉伤口里面的坏死组织，消灭细菌，同时它又不会损害健康组织。尽管这种治疗方法看上去令人作呕，但它既经济实惠，又能够减轻病人的痛苦，甚至还可以帮助一些患者避免严重的截肢手术。

苍蝇在飞行时，其翅膀以每秒 330 次的频率振动，这种高频率振动有利于苍蝇翅膀根部的平衡棒产生某种奇妙的陀螺仪效应，从而使身体保持平衡。现在人们根据这一原理制成的新型振动陀螺仪体积小，准确率高，而且可以自动保持整体平衡，把它应用到飞机和火箭上，就能避免这些飞行物在高速飞行时发生失衡以及翻滚之类的危险。

显然，人类对苍蝇的看法正孕育着一场脱胎换骨的革命，随着生物科技的不断发展，苍蝇身上的某些积极因素将会越来越多地被应用到我们的日常生活中。到那时，打苍蝇这种最典型的卫生行为将成为历史，或许它还会成为我们后人无法理解的历史故事呢！

# 生存其实很简单

牧　野

生活在美国科罗拉多州大峡谷中的雕用一种特殊的树枝筑巢。

为了寻找这种被称为“铁树”的树枝，一只雌雕一天中有时要飞行200千米。“铁树”的树枝上还生着许多刺，使得雕巢能够牢固地建在峡谷的悬崖上。巢建好后，雌雕还要在上面铺上树叶、羽毛、杂草，防止幼雕被刺扎伤。

随着幼雕的渐渐长大，它们开始在窝内争夺生存空间。它们对食物的需求量迅猛增加，以至于雌雕再也满足不了它们的需求。雌雕本能地感到，为了让这窝幼雕生存下来，就必须让它们离巢。

为了激发幼雕的独立生存能力，雌雕开始撤去巢内的树叶、羽毛等物，让树枝的尖刺显露出来。巢变得没从前那么舒适了，幼雕纷纷躲到巢的边缘。这时,雌雕就逗引它们离开巢穴。一旦幼雕离巢后向下坠落时,它们就拼命地扑打着翅膀阻止坠落,接下来的事情对于雕来说再自然不过了——它们开始飞行。

生存其实很简单,拒绝坠落就行了。

不知捕捉黄鳝的人为他手中的那个小小的竹笼子申报了国家专利没有,因为它十分巧妙,做起来也不费事,却实用得很。一束细篾编织成拳头粗细的笼子,笼子尾部是进口处,一圈轻而薄的篾片朝里形成一个漩涡状茬口。

黄鳝被笼里的诱饵吸引,就从那篾缝里钻进去,但是它在笼子里面没法转身,要想出去,只能后退。后退的时候,篾片的尖梢一根根扎在尾上,它不知道身后那坚硬的是什么东西,退下去会有什么结果,所以一触即缩,怎么也鼓不起勇气朝后退,就只好在笼里一直待下去。

假如黄鳝敢于朝后退一步,它就不会被关进笼子而束手待毙了。

生存其实很简单,有勇气后退就行了。

肺鱼不但可以像其他鱼类那样用鳃呼吸,还有一种特殊的本领,那就是靠肺在空气中直接进行呼吸。肺鱼大多生活在美国西部人烟稀少的沼泽地带,一旦栖息地的水质发生变化或沼泽干涸,它们的肺就派上用场了。

每当旱季到来,水源枯竭的时候,肺鱼就将自己藏匿于淤泥之中。

它们巧妙地在淤泥中构筑泥屋,仅在相应的地方开一个呼吸孔。它们就这样使身体始终保持湿润,在泥屋中养精蓄锐。数月后,雨季来临,泥屋便会在雨水的浸润冲刷下土崩瓦解,肺鱼又重新回到有水的天地。

土著人在旱季出发,来到肺鱼生活的沼泽地。这时,沼泽地里到处布满了泥屋,几乎每间泥屋里都藏着一条肺鱼。土著人就这样轻而易举地将肺鱼捉住了。但他们并不立即将肺鱼煮着吃，而是先用一盆清水将肺鱼养几天，等它们把体内的脏东西都吐出来了，再将它们放在早就用水以及各种调料和好的面糊里。肺鱼以为旱季到了，便将面糊做成面屋将自己包裹起来。这时，土著人便可以将肺鱼连同它的“泥屋”一起烤熟后再吃。据说肺鱼自己构筑的面屋因为充分渗入了肺鱼的黏液，故而味道十分鲜美。

生存其实很简单，不要被成功模式束缚就行了。

沙丁鱼是幼鲸爱吃的鱼。沙丁鱼常常被它成群成队地吞进腹中，幼鲸已严重威胁着沙丁鱼的存在。沙丁鱼中的一位智者决定除掉这只可恨的鲸，它组织一群群沙丁鱼向这只幼鲸发起进攻。

幼鲸感到很好笑，这同送食物有什么两样，于是，面对纷纷冲上来的沙丁鱼，它不紧不慢地张开大嘴，将一群群沙丁鱼尽收口中。一天又一天过去了，沙丁鱼总是以失败而告终，而幼鲸总是以胜利结束战斗。每次取得胜利，幼鲸都十分兴奋，它总是兴致勃勃地追逐沙丁鱼的残兵败将，将它们一一收入口中。

一天，一大批沙丁鱼又向幼鲸发起了挑战，幼鲸一张口就将它们消灭了大半，剩下的一小部分狼狈逃跑。幼鲸来了兴致，心想，你们哪有我跑得快，一个也别想逃。于是，它尾随在后一口一口地吃掉沙丁鱼。沙丁鱼越来越少，但仍然有一些沙丁鱼试图逃过幼鲸的追杀。

幼鲸决定乘胜追击，将它们彻底消灭干净。于是，一路追过去。

幼鲸忘了追出了有多远，正当它要张口吞下最后一群沙丁鱼时，忽然发觉自己的肚皮已经触到了浅水滩的沙子，它知道这很危险，可是，由于用力过猛，它此时已经无力控制自己的身体，只见它巨大的身躯一下子冲上了沙滩，它想抽身返回，可是来不及了。它搁浅了，它挣扎着，不久就无奈地死去了。

生存其实很简单，胜利时，保持冷静就行了。

生活在美国加利福尼亚州附近的深海中的水母与众不同，它们的触须有人的手臂粗，每只水母重达 60 千克，不但体型大，肌肉也比其他地方的水母强健有力。同是水母，为什么生活在这里的如此强壮呢?

原来，与这些水母为邻的居然都是海洋中最凶猛的动物，如虎鲸、鲨鱼等。为了躲避这些凶猛的动物，水母不得不快速逃命，每天的快速游动把它们的身体锻炼得十分强壮。可是，就算水母逃命的速度再快，也还是经常被那些凶猛的动物咬伤，轻则触须折断，重则皮开肉绽。

令人惊讶的是，这些被咬得遍体鳞伤的水母不但不会死，而且会很快从折断触须的根部长出新触须，伤口也会迅速愈合，因为伤痛刺激了新陈代谢。水母就在这样残酷的环境里，在性命攸关的危机中，在肉体剧烈的伤痛里，将自己一点点变得强大起来的。

生存其实很简单，在艰苦的环境中选择坚强就行了。

有一则故事讲，上帝造了一群鱼，又给了它们一个法宝，那就是鱼鳔。鱼鳔是一个可以自己控制的气囊，鱼可以用增大或缩小气囊的办法，来调节沉浮。这样，鱼在海里就轻松多了，有了气囊，它不但可以随意沉浮，还可以停在某地休息。鱼鳔对鱼来讲，实在是太有用了。

出乎上帝意料的是，鲨鱼没有前来安装鱼鳔。上帝费了好大的劲儿也没有找到它。上帝想，这也许是天意吧。既然找不到鲨鱼，那么只好由它去吧。这对鲨鱼来讲实在太不公平了，它会由于缺少鳔而很快沦为海洋中的弱者，最后被淘汰。为此，上帝感到很悲伤。

亿万年之后，上帝想起他放到海中的那群鱼来，他忽然想看看它们现在到底如何，他尤其想知道，没有鱼鳔的鲨鱼如今到底怎么样了，是否已经被别的鱼吃光了。

上帝将海里的鱼家族都找来，面对千姿百态、大大小小的鱼，上帝问："谁是当初的鲨鱼？"这时，一群威猛强壮、神采飞扬的鱼游上前来，它们就是海中的霸王——鲨鱼。上帝十分惊讶，心想，这怎么可能呢？当初，只有鲨鱼没有鱼鳔，它要比别的鱼多承担多少压力和风险啊，可现在看来，鲨鱼无疑是鱼类中的佼佼者。这到底是怎么回事呢？

鲨鱼说："我们没有鱼鳔，就无时无刻不面对压力，因为没有鱼鳔，我们就一刻也不能停止游动，否则我们就会沉入海底，死无葬身之地。所以，亿万年来，我们从未停止过游动，没有停止过抗争，这就是我们的生存方式。"

生存其实很简单，把缺陷转化成动力就行了。

我们都知道，蜜蜂对不请自来的入侵者是毫不留情的。它们屁股上的针刺令任何垂涎蜂蜜的家伙都忌惮三分。不过当蜜蜂遇见它们的死敌——黄蜂的时候，却往往在劫难逃。

大黄蜂凶猛可怕，蜜蜂对这种强盗束手无策，只能任人宰割。

但是我国有一种蜜蜂在与大黄蜂的长期战斗中，却发现了一种特殊的防卫方法，让入侵者有来无回。当某一只打算不劳而获的大黄蜂飞扬跋扈地闯进蜂巢时，几十只蜜蜂立即集结，把大黄蜂包围起来。

它们并不打算用蜂刺进攻，而是抱成一团把大黄蜂卷了进去。过了一会儿再散开的时候，那个入侵者已经很难看地死了，被工蜂拖走，像扔垃圾一样抛出蜂巢。

这是怎么回事呢？生物学家没有在大黄蜂身上找到搏斗留下的痕迹，但是热成像照相机却记录下了一种温度的变化：大黄蜂被蜜蜂包围起来以后，5 分钟之内，包围圈的中心温度就达到了 45℃。莫非这就是蜜蜂战胜恶魔的关键?

为了证明这一点，科学家们把蜜蜂和黄蜂分别放进恒温箱里，有步骤地提高温度，结果大黄蜂在45.7℃的时候死亡，而蜜蜂坚持到了50.7℃。

原来，蜂群是通过振动它们那强有力的飞行肌肉产生热量，战胜了入侵者，将大黄蜂活活烤死。

生存其实很简单，团结就行了。

# 树木生长，风说了算

海　生

一棵树长到一定高度就开始分叉，长出几根枝丫来，每根枝丫又继续分叉成几条小枝丫，小枝丫上又长出小树枝，最后直到每根小树枝上都挂满了一片片叶子……树木的这种倒锥形生长方式对于我们每个人来说都不陌生，但恐怕很少有人注意到：一棵树在任何一个高度，其所有树枝的截面积之和是不变的。这一现象是 15 世纪意大利画家达·芬奇首先观察到的，但一直没有人解释为什么树木要这样生长，直到最近科学家才给出一个解答。

几乎所有种类的树木都遵从这一生长规律，后来一些计算机图形学家甚至利用这一点来绘制通过计算机自动生成的树。这条规律也相当于告诉我们，一棵树不论其上部枝丫如何多、如何复杂，但其在任何一个高度，它实际的粗细总保持不变。这就带来一个便利，当估算一棵树实际占有的体积时，我们只要在树的根部量出它的截面积，再乘以它的高度就可以了。

倘若用数学的语言来表达，这条规律可以这样来表述：在某个分叉点，假设一根主干分叉出 n 条枝来，主干的直径是 D，各枝的直径是 di（i = 1，2，……n），那么，D2 等于所有 di2 之和。不过，对于现实中的树来说，指数并不始终都是 2，根据不同树种的几何形状，一般在 1.8 到 2.3 之间浮动。经过这样的修正，这个达 · 芬奇公式对几乎所有的树种都适用。

植物学家原先猜测达 · 芬奇所观察到的这一现象可能跟植物把水分从根部抽吸到高处的树叶这一过程有关，也许从下到上，只有运输水分的纤维管截面积相等，才能保证水分能浇灌到每一片叶子。

但最近一位法国流体力学专家对这一解释起了怀疑，他认为这跟水分的运输没关系，而是跟风力对树叶的作用有关。

他的这一解释理解起来可没有那么直观，因为他是通过计算机模拟得到的。让我们来看看他是如何得出这一结论的。

他先遵循分形的原则通过计算机生成一棵虚拟的树，所谓“分形原则”就是：始终让树的每一个细节与整体保持相似，比如说在第一个分叉点上有三个分枝，三个分枝相对主干有三个伸展角度，那么以后在任何分叉点上都只有三个分枝，而且相对主干的伸展角度与原先的保持一致。

然后他在计算机上模拟风吹树叶，看看这些树枝在何种条件下最不容易被风刮断。他发现，当把树的主干和分枝之间的关系调整到符合达·芬奇公式时，这些树枝是最不容易被刮断的。

所以，尽管世界上的树木有成千上万，但它们为了抵御风的摧折，却遵循着同样一条简洁的规律，即达 · 芬奇公式。

# 企鹅的脚为什么不怕冻

[英] 米克·奥黑尔
王鸣阳　译

企鹅同其他生活在寒冷地区的鸟类一样，都已经适应了寒冷的气候，能够尽可能少地散失热量，保持自己身体主要部分温度在 40℃左右。但是它们的脚却很难保暖，因为脚上既不长毛，也没有脂肪的防护，而且还有相对较大的面积。

于是，企鹅通过两种机制来防止脚被冻坏。一种机制，是通过改变向双脚提供血液的动脉血管的直径来调节脚内的血液流量。当寒冷时，减少脚部的血液流量；当比较温暖时，增加血液流量。其实我们人类也有类似的机制，所以我们的手和脚在我们感到冷时会变得苍白；当觉得暖和时，则变得红润。

此外，企鹅在其双脚的上层还有一种“逆流热交换系统”。向脚提供温暖血液的动脉血管分叉为许多的小动脉血管，同时，在脚部变冷的血液又通过与这许多动脉小血管紧挨在一起的数目相同的静脉小血管流回。这样，动脉小血管内温暖血液的热量就传递给了与之紧贴的静脉小血管内的逆流冷血，结果，真正带到脚部的热量其实是很少的。

在冬季，企鹅脚部的温度仅保持在冰点温度以上 1℃ ~2℃，这样就最大限度地减少了热量散失，同时也防止了脚被冻伤。鸭和鹅的脚也有类似的结构，但是，若把它们圈在温暖的室内饲养，过几个星期再把它们放回冰天雪地里，它们双脚贴地的一面就会被冻坏。这是因为它们的生理活动已经适应了温暖的环境，通向脚部的血流实际上已经被切断，此时再回到寒冷环境，脚部的温度就会下降到冰点以下。

企鹅的脚不会冻坏之谜，也可以从生物化学的角度来加以说明，而且很有意思。

氧与生物体内的血红蛋白结合，通常是一种强烈的放热反应。一个血红蛋白分子吸收和添加氧原子，要释放出大量的热量。在逆反应中，当血红蛋白分子释放出氧原子时，通常会吸收同等数量的热量。

然而，氧化反应和脱氧反应发生在生物体的不同部分，也就是说发生两种反应所在的分子环境不同（比如说酸度不同），整个过程的结果，则是热量的散失或增加。

具体到南极企鹅的情形，在包括脚在内的外围冷组织中，DH 值要比人类小得多。这就带来两个好处。首先，在进行脱氧反应时，企鹅的血红蛋白所吸收的热量大为减少，于是，它的双脚就不容易冻坏。

第二个好处来自热力学定律。根据热力学定律，任何一种可逆反应，包括血红蛋白的氧化反应和脱氧反应，较低的温度有利于进行放热反应，而不利于反方向进行的吸热反应。因此，在低温下，大多数物种都是吸收氧的反应进行得比较激烈，而不容易进行释放氧的反应。一个物种所具有的DH值如果相对来说不高不低正合适，那么这就意味着，在冷组织中血红蛋白对氧的亲和力不会变高到使氧无法从血红蛋白脱离出来。

# 曼卡的规则

秋风渭水

黄石公园是野生动物最理想的栖息地之一。曼卡悠闲地生活在这里，它是一只4岁的雄狮。曼卡体形硕大、强壮，是黄石河流域的狮王，和4只雌狮生活在一起。在黄石河流域，还生活着一群非洲野牛，它们是曼卡和妻子们最好的食物。

同样在这里生活的，还有一些野狗。这些家伙或成群结队，或单独行动。但是无论如何，它们都不可能对狮群形成威胁。所以，曼卡的日子过得无忧无虑。

除了狩猎之外，曼卡就像这个区域的王者，每天在自己的地盘里高傲地昂着头颅走过，像巡视着自己的土地与臣民的皇帝。

6月的一个清晨，经过一夜的时间，燥热已经散去。鸟儿在树上婉转地歌唱，河边的灌木丛里，那些嫩绿的灌木上挂着晶莹的露珠。

曼卡和妻子们早已醒来，懒洋洋地趴在地上，看着黄石河边热闹的景象。一群非洲野牛悠然自得地走了过来，似乎根本没有看到曼卡的存在。它们向着河边走去，清晨，是它们尽情地饮用甘甜河水的时间。这是享受。过了这惬意的早上，非洲野牛将不得不在接下来的时间里生活在恐慌与奔波之中。它们是狮子和野狗最好的猎物，一个疏忽，就可能丧命。

这些非洲野牛站在河边，把头扎进水中，大口大口地喝着。曼卡对于这种看似挑衅的举动，丝毫不以为然。

这时，灌木丛微微地颤动起来。一只野狗从灌木丛中鬼鬼祟祟地探出头来，绿色的眼睛里闪烁着贪婪的光芒。

这是一只大概有七八岁大的野狗，它的体力已经过了巅峰期。显然，它是单独行动的，所以，捕捉猎物对它来说，也许是件困难的事情。

野狗的目标已经锁定，在河边的野牛群中，它很快寻找到了自己想要的猎物。那是一头刚刚度过幼儿期的野牛，它独自站在距离家人四五米远的地方，边喝水，边东张西望。野狗对付这种未成年的小野牛是很有经验的。

事实上，在河边喝水的野牛们，此时神经都处于最放松的状态。

只要野狗能快速地冲过去，咬住这头小野牛的喉咙，它就注定会成为自己的美餐。

似乎受到了血腥的刺激，野狗兴奋了起来。它活动了一下身子，脖子上的毛微微立起，像闪电一样冲出灌木丛，向小野牛奔了过去。

此时，那头小野牛似乎还没意识到死亡正在靠近自己，竟然还满不在乎地重新把头伸向河水中。

随着一声震撼的吼叫，在一边的曼卡忽然暴怒了。它怒吼着，猛地向前窜去。在河边，曼卡正好拦住了飞快跑来的野狗。它像对付一只烦人的跳蚤一样，扬起前爪，狠狠地把野狗拦腰甩了出去。

野狗飞出去大概三四米的样子，狼狈地落在了地上，喉咙里发出一声惨叫。它挣扎着站了起来，却不敢再去挑衅曼卡的尊严。它盯着曼卡，曼卡站得像一尊雕塑，警惕地望着眼前的这个敌人，从微微张开的嘴里露出了锋利的牙齿，像是在警告那只野狗：如果你再敢轻举妄动的话，我就会毫不犹豫地咬断你的喉咙！

狮子的威严让野狗退却了，它怯懦地向后退了几步，然后转身跑进了灌木丛，很快消失在曼卡的视线里，曼卡发出一声满意的低吼。

而那些非洲野牛们，则像什么也没发生过一样，依旧悠然自得地享用着早上甘甜的河水。

这是曼卡的规则，也是所有狮子共同的规则。在动物的世界里，狮子基本不会潜伏在水源旁边，来狙杀自己的猎物。甚至，它们在这个时刻、这个地点，也有自己的规则，就是不会让任何食肉动物去狙杀那些可口的食物。

或许它们懂得，如果连这生存必需的饮水也危机四伏的话，那么这些猎物可能就会吓得不敢来喝水，这就会给它们的族群带来毁灭性的打击。而那对狮子来说，也会是毁灭性的打击。

当太阳高高升起的时候，曼卡就会带着自己的妻子们离开黄石河边。这时，它将从野牛的守护神变成来自地狱的恶魔，它也会追逐着它们，进行一次又一次的猎杀，直到咬断它们的喉咙为止。

这就是为什么自然界中的物种能够繁衍生息、蓬勃茁壮的秘密。

每一种动物都有自己的规则与敬畏，而这也是为什么自然环境总被人为破坏的秘密——因为人类掌握得越多，就越敢于去践踏自然的规则。

# 森林里的“音乐家”

[俄] 瓦·伊万诺夫
裴家勤 译

9月末，阳光明媚，正是大好的狩猎季节……

我和狩猎专家纳鲁宾绕过一片雪松林，登上了一个长满白杨的山坡。这儿豁亮而干燥，脚下的落叶沙沙作响。林子里不久前还栖息着大雷鸟，如今却草木凋零，冷冷清清。

我们正往山坡上走的时候，突然听见一种很奇特的声音：开始是宛如音乐般的长音，后来是一声响亮的撞击，并带着细碎的颤音。纳鲁宾停下脚步说：

“这是什么声音？”

声音是从不远处一个黑压压的云杉林里传来的，每次的间隔时间几乎一样长。森林里完全可以听到被风刮断的树发出的呻吟声，但和眼前这种声音毫无共同之处。

我提议到那个云杉林里去看看，纳鲁宾也同意。走到云杉林旁边时，我们又停下来听了听。

森林里的声音总是这样，当你朝它们走去的时候，声音会越来越小，然而却越清楚。

于是我们听出，每次颤音响完之后，还要响起一阵叫声。就是说，这是熊瞎子在取乐。

我们蹑手蹑脚地走进林子。前面是一个长满松树的小山坡，声音就是从山坡的那一面传来的。要看到这个“音乐家”，得登上坡顶。

于是我们把猎枪装上子弹，爬上山坡，藏在松树的树干后伸长脖子往下看。山坡的那一面很平缓，树不多，只有一些低矮而树冠巨大的松树和粗壮的云杉。坡的中央有一根被风刮断的云杉的树桩，树桩的边缘裂成了几片像花瓣似的板皮，离树桩不远处长着一棵敦实的松树，树下部一根粗大的树杈快断裂了。

“熊在哪儿呢？”我问。

“你瞧云杉后面！”纳鲁宾小声说。

我仔细观察那个树桩和松树，立即看见了熊——原来它趴在那株被风刮倒的云杉后面。

不过它马上就站起来了，高高地直立着。我不由自主地往树干后一藏，并举起了枪。

“别着急！”纳鲁宾低声说，“咱们先看看它要干什么……这可是个庞然大物啊！”

这是一头年老的公熊。只见它摇摇摆摆地走到那根粗大的树杈前，用两只前爪抓住树杈往那个云杉树的树桩前扳。树杈又粗又结实，但熊的劲儿也不小。它把树杈扳下来后，便把树杈的顶端插在云杉树桩的裂缝里，然后就拽着树杈慢慢往后退，退着退着突然把爪子一松。树杈响着往回弹去，当猛地一下绷直时，纷纷断裂的细树枝便发出音乐般的声音，与此同时，树桩上被撬开的板皮也往回一弹，发出一阵长久而细碎的颤音。

熊把头一歪，侧耳听着，当细碎的颤音终于沉寂下来后，它便发出一阵心满意足的声音，并喜悦地尖声叫着，在长满青苔的地上打起滚儿来。

纳鲁宾用胳膊肘碰了我一下。我朝他转过头，急切地用目光指了指手里的枪，但他表示反对地摇摇头。

这时，熊又把它的“音乐节目”表演了一次，但不大成功，树杈插得太靠近板皮的顶端，所以回弹的声音太短，而且没有细碎的颤音。熊站在那儿等了一会儿之后，好像是明白了自己的错误在哪儿，于是便呼哧呼哧地又把树杈扳了下来。这一回它考虑得很周到，干得很细心。可是结果却完全出乎意料：它没有往一边让，以至于猛然弹起的树杈狠狠地打在了它的下巴上，把它打了个仰八叉，痛得它狂叫起来。爬起来后，它便朝树杈冲去，一面狂叫一面狠命地撅着树杈，并把撅断的树杈一截截地往坡下扔去。

怒气平息下来后，熊像人那样往地上一坐，一面用爪子抚摩受伤的颧骨，一面尖声地呻吟。这是绝好的开枪机会，我举起枪，瞄准了熊的脑袋。可是纳鲁宾轻轻地把我的枪管往旁边一推。我不解地看了他一眼，他却把自己的双筒猎枪指向天空，把扳机一扣，并和枪声一起大声地吼叫起来。

我傻呆呆地往旁边一跳，他却继续大声吼叫着，并用手指着熊的方向。

吓得半死的熊瞎子骨碌碌地滚下了山坡，爬起来后，飞快地往云杉林里跑去，转眼间就消失得无影无踪。

我为丢掉这唾手可得的猎物而感到非常遗憾，便一本正经地谴责自己的朋友："还是猎人呢！真会取乐！难道一个猎人能放弃这样好的机会吗？要知道，这家伙真正是自己送上门来的！真没想到你会这样冒傻气！"

可纳鲁宾心平气和地说："不，伙计，打死这样的熊是罪恶，让它活着吧……要知道，这可真是一个会逗乐的家伙，要是能把它活捉住送到马戏团去，我看不用训练就可以上台。你说呢？"

我不满地朝他挥了一下手，不过，一想起熊瞎子的音乐，也对这个动物"音乐家"产生了敬意。

让它活着，让它去摆弄自己的乐器吧！

# 动物园的生死告白

[日] 阿部弘士
烨 伊 译

我从小就立志，长大后“做一份与大自然有关的工作”。高中毕业后，我便去旭山动物园当了一名饲养员。

## 与死亡为邻

起初，我对饲养员这份工作毫无概念，直到两个月后的一天。

我清楚地记得，那是 5 月 21 日的正午，象舍笼罩着一种不同寻常的气息，像是出了什么事。我跑到象舍，发现亚洲象的饲养员前辈，被雄象太郎袭击了。其他饲养员都来抢救那位前辈，毫无饲养经验的我什么也做不了，只能在后面守望。

前辈打扫象舍的时候，被象牙从后背戳穿了身体，又被甩到地上，当场死亡。一头大象有四五吨重，就算它没有伤人的意图，人若不小心被它推到墙上也会一命呜呼。以前我一直以为，大象的块头虽大，却很温驯，没想到它竟然有这样恐怖的一面。后来我才知道事故的原委：那段日子太郎的象牙有一半断了，伤口化脓，精神状态很不稳定。也许是它心情烦躁，才酿成了这起事故。

在这起事故发生前，我每天的工作都快乐得不得了。事故发生后，巨大的恐惧瞬间将我禁锢。我深刻地意识到，饲养员这个职业每天都要与死亡为邻。

“看来我真是到了一个可怕的地方。再干下去，说不定哪天我也会死。”从未有过的不安开始在我脑海中盘桓。

不知道为什么，尽管我觉得不安，却仍然不后悔选择这个职业。再怎么害怕，这个世界上还是有动物园和动物，必须有人照顾它们，而这显然是饲养员的职责。我既然已经决定做一名饲养员，就必须接纳心中的恐惧和不安。

“恐怕我没法活到退休吧。”“就算死不了，有一天肯定也会受重伤吧。”每个饲养员的内心深处都有这样的想法。从这天起，我有了与恐惧共存并继续工作的心理准备。

当饲养员的第五年，开始照顾狮子和老虎的时候，我的每一天都过得十分紧张。狮子、老虎、豹子、北极熊这类被称为猛兽的动物拥有人类难以想象的力量，非常可怕。所以即便是在照顾它们的时候，也不能直接走进它们的屋舍。要先远程操作，把它们从寝室引到运动场，确认它们全都离开了再进去打扫屋舍。只要按程序操作，饲养员就是安全的。相对来说，猴子、狐狸、棕熊、骆驼、大象之类允许饲养员直接进入屋舍的动物，反而更容易伤人。

我在动物园受过的最严重的伤，是被骆驼咬了左手。咬我的是雄性双峰骆驼阿勇。我带着它往卡车那边走，它却不愿意上车。阿勇很重，体重超过五百千克，即使用麻醉针让它睡着，也很难搬得动。兽医只注射了轻微的麻醉药剂，让它保持一种类似人喝多了啤酒的微醺感。麻药起效后，阿勇似乎没那么焦躁了。

“乖哦，我们到那边去吧。”说着，我就把它往卡车那边牵。骆驼是食草动物，性格温驯，但牙齿锋利，其实也很危险。雄性骆驼在发情期会变得暴躁，有时会咬人。为了把走路微微摇晃的阿勇顺利带上卡车，我决定在它头上套一只麻袋。

就在我试图用麻袋套住阿勇的头时，它一甩头，我的左手不偏不倚地卡进它的嘴里。嘴里突然顶进一只人类的手，阿勇一定也吓了一跳。

这是什么东西？它肯定这样想着，然后像用钳子拧螺丝一般，“嘎吱嘎吱”地嚼起来。

“痛痛痛！放开我！”

阿勇不松口，其他的饲养员使劲揍它，终于帮我把手从它嘴里拔了出来。我的左手已麻痹，完全没有知觉了。

我不知道阿勇究竟咬了我多久，后来听人说“大概咬了三十秒”，但我觉得比三分钟还要长。

饲养员时刻与伤亡为邻，不知道什么时候就会遭难，因此每个人心里都有一份恐惧，这样的职业真是不多见。

## 如果动物死了

动物园里经常有动物死亡，大型动物和小型动物都不例外。起初，每当有动物死去，我都很受打击，但渐渐地，悲伤、感慨和畏惧越来越少。这并不是因为我“习惯了死亡”，而是如果一直被动物的死所牵绊，就会影响日常工作。

尽管如此，有些动物的死还是特别的。猩猩、大象、狼之类的动物死去时我就格外敏感。大猩猩有时比人更有人情味，我甚至觉得它们拥有比人类更严肃的举止、更高尚的品格。

大猩猩的屋舍地面覆着土，土上长着草，还放着大块的岩石。

我经常看见雄猩猩权太坐在石头上，独自凝望着远处火红的夕阳落入山间，一张皱巴巴的脸上满是温柔。猩猩们似乎都懂得欣赏夕阳之美，与之相处的日子里，它们教会了我许多人生哲理和思考问题的方式。

有一种动物的死让我至今难忘——西伯利亚狼。狼爸爸叫约翰，狼妈妈叫梨香。梨香活着的时候生了二十多只小狼，约翰也是个非常疼爱孩子的好爸爸。但无论多么亲密的夫妻都要迎来离别的那一刻。梨香先走一步后，约翰似乎受到了很大的精神打击。失去同伴的痛苦令它吃不下饭，也没有了往日的神采，它目光空洞，日渐衰弱。一连很多天，我们都怀疑它随时会死去。照看了梨香和约翰十多年的饲养员前辈碰巧此时要出差，七天后才能回动物园上班。奇怪的是，动物总在自己的饲养员不在的时候死去。

“等前辈这次出差回来,约翰恐怕也……”那时,我们所有人都这么想。

约翰看起来实在是太痛苦了。它一动不动,不吃不喝,只是“呼哧呼哧”地发出痛苦的喘息声。一个星期过去，前辈一回来就直奔狼舍。

“约翰，你还好吗？”听到前辈和它说话，约翰慢慢抬起头，轻轻地呜咽一声，便安心地死去了。看着自己照顾的动物死去，是非常难过的。

我的过失曾导致斑海豹宝宝殒命。那年初春，动物园里来了一只刚出生的海豹宝宝。它出生在鄂霍次克海的浮冰上，因为和母亲走散，才被送到动物园接受照顾。它的眼睛清亮有神,全身裹着纯白色的柔软绒毛，可爱极了。用可爱形容还不够，简直是楚楚动人。

“谁来照看这个小东西呢？”我被海豹宝宝迷倒了。“可以把小海豹交给我吗？”我怯生生地提出请求，没想到前辈们居然同意了。

因为是刚出生的幼崽，所以必须喂它喝奶。海豹是肉食动物，于是我决定给它喝美国产的“肉食动物奶粉”。按照海豹的体重调好相应的量，每天分几次喂它。把橡胶管接在粗的注射器上，伸到海豹宝宝喉咙里。一开始它很抵触，我就哄着它喝：“不喝会很饿哦。”慢慢地，它也就习惯了。十天后，它身上的白色绒毛开始脱落，露出灰色皮毛，上面还有胡椒一样的黑色斑点。

“真棒，真棒。”我常常这样鼓励它。小海豹一天天成长，已经能在游泳池里快活地游泳了。一切都很顺利。

但在第二十一个早晨，小海豹死了。明明前一天还活蹦乱跳地游泳，喝了很多奶，我怎么也想不出到底是哪里出了问题。解剖后发现，它死于营养失衡。我之前喂它喝的“肉食动物奶粉”是以狗乳或猫乳为主要成分调配的，动物园一般用来喂新生的狮子或狼。而海豹的奶水中富含丰富的脂肪，是小海豹成长所必需的。也就是说，这只小海豹死于脂肪成分不足。现在人们已经开发出“海豹专用奶粉”，新生的小海豹再也不会因为营养失衡而死亡。但我当年对此一无所知，害它失去了生命。

我还饲养过黑冕鹤，它原产于非洲，样子很漂亮。当时鹤的活动场地里没有栖木。

“一只鸟没有栖木，似乎有点儿可怜呢。”我这么想着，立刻找来一根木头立在运动场，并在鸟窝墙壁和木头之间搭了一根栖木。第二天，只见黑冕鹤的脖子卡在墙和栖木之间的缝隙中，已经死了。

在这起死亡事故中，我犯了两个严重的错误。鹤是不会停在树上休息的，就连睡觉也是在水边站着睡的。我看见过鹭和鹳在树上休息，就想当然地以为鹤也一样。在屋舍墙上斜斜地横一根栖木是更严重的错误。栖木和墙角形成了一个狭长的三角地带，鹤的脖子就会卡在这里，动弹不得。这些过错，无论怎样弥补，都改变不了鹤已经死掉的事实。那一次，我又难过又后悔，反省了很久。

## 动物园为什么而存在

一次，我负责的猴子逃跑了。我和其他饲养员都拼命地追，绝对不能让它跑出动物园。

猴子也豁出去了，爬到过山车最高的轨道上。但我们也不能认输，非抓到它不可。于是两拨人从过山车轨道的两头包抄，渐渐朝猴子逼近。

“好，就差一点了！”

这时，猴子从轨道顶端唰地一跃而下。啪！直挺挺地摔到地上。猴子一动不动，轨道顶端离地面少说也有十米。

“估计死了……”

我们正担心着，猴子又一跃而起，全力奔逃。

“糟糕！被它耍了！”“这家伙还真有两下子！”“站住——”

这种时候，它们还真是充满活力。作为一名饲养员，这样说似乎不太合适，但我觉得，只有在动物使出浑身解数逃跑的时候，才能见到它们的野性。

它们可能一直在想：总有一天我要逃跑！而真正成功脱逃的时候，相信每只动物都会呐喊：“太棒了！”我总是一边大喊“站住”，一边为它们帅气的逃跑身姿所感动。

“动物是什么？”“生命是什么？”“动物园为什么而存在？”饲养员之间经常讨论这些话题。

动物园里的动物一般都比野生环境中的动物活得长。野生虾夷栗鼠的平均寿命只有三年左右，而在动物园里，它们的生命不会有意外的耗损，有的甚至能活十五年。野生动物和动物园的动物都有各自的使命。

当你更加了解动物后，再看到动物在兽舍的水泥地上徘徊的身影，就会感到一种痛楚，认为让动物居住在这样的环境中是自己的罪责。真正的大地凹凸不平，上面有着厚厚的草和枯叶。钢筋水泥本就不是动物栖息的场所。动物园里的水泥地的确便于清扫，也更卫生，但并不适合动物。

经过讨论，我们决定在水泥地上盖土，让动物尽量过得舒服些。如此一来，狸猫、狐狸等动物就有了运动场地。它们的粪便或尿液将土弄脏，我们就得换上新土。这样，工作量就增加了一倍，但动物在告诉我们：“我不愿意在水泥地上走，给我放上土和木头。水泥地虽然干净，但我们本来就是生活在土地和枯叶上的呀。”

到山上就能弄到土，园里有的是枯叶和草，看来只能听它们的了。一旦意识到这些，就算干得再久再累我也不介意。

# 一条怀念大海的烤鱼

[日] 小熊秀雄

李日月　译

一条被烤过后摆放在雪白餐盘里的秋刀鱼不禁怀念起大海来。

在浩瀚无垠的海里，他曾和无数同类做过花样翻新的游戏；在繁茂海草里偶然发现的漂亮的小小红珊瑚，现在都长大了吧，也许又有别的鱼发现它了呢。被烤过的秋刀鱼想起这些难忘的海里生活，忍不住在餐盘里抽泣起来。

对秋刀鱼来说，更加难忘的还是爸爸妈妈以及相处极好的兄弟姐妹。他被渔民从海里钓出来，先是被塞进一个大箱子，然后在拥挤不堪的狭小空间里进行了漫长的火车旅行，最后好不容易从昏暗的大箱子里出来，被摆到城市里亮堂堂的鱼铺货摊上。

那里和海里的生活差不多，不但有秋刀鱼、加吉鱼、鲽鱼、鲱鱼和章鱼，还有许多他从来没见过的珍奇的鱼，大家全被热闹非凡地摆在一起，所以丝毫不感到孤单寂寞。但是，鱼们在那里可不能游来游去、说说笑笑，全都翻着白眼，像人偶，像大病一场，无法摆脱那纹丝不动的无聊和悲惨。

几天以后，这条秋刀鱼被这家女主人买来，仔细地烤过。过不了多久，她的丈夫就要回家，到时候，他就注定要被吃掉。

“啊，可爱的大海，再也见不到你蓝蓝的海水了，我是多么想再看看白帆船啊！”他发疯般想在餐盘上跃起身子，可是因为身体中间被扎上了细长的铁条，加上被烤过的身体奇怪地变轻，再怎么努力，也是动弹不得。

他只好打消了在餐盘上反抗的念头。然而，他的内心充盈着一个信念：一定要设法回到广阔的大海，去见自己想念的爸爸妈妈和兄弟姐妹！

“三毛君，你为什么一个劲地盯着我的脸啊。请你稍微体察一下我怀念大海的心情吧。”烤鱼看着这家主人养的名叫三毛的猫说。因为这只猫刚才一直横着眼珠凝视着这条秋刀鱼。

家猫三毛说：“说实话，秋刀鱼先生，你可真是美味极了。”他的咽喉“咕噜咕噜”响着，来到烤鱼身边，他壮起胆子耸着鼻子闻了又闻。

烤鱼详细讲述起自己的身世，和家猫商量能否帮忙把自己送回大海。家猫想了一阵儿，说：“那我就把你送回大海吧，但你必须给我相应的回报才行。”

烤鱼答应把脸颊上最好吃的一块肉送给家猫，让家猫把自己送回大海。烤鱼想到能重返大海，高兴得热泪盈眶。

于是，家猫把烤鱼衔在嘴里，趁女主人不注意，逃了出去。家猫一路飞奔，来到街外的桥上，家猫对烤鱼说：“秋刀鱼先生，我肚子饿得快挺不住了，看来我们到不了那么遥远的大海了。”

烤鱼一心想回归大海，只能答应：“那就按我们说好的，把我脸颊上的肉吃了吧，这样你就有力气了。”

可是家猫把烤鱼脸颊上的肉吃光以后，竟头也不回地撒腿跑掉了。

烤鱼在桥上悲哀至极。他想，如果哪个好心人过桥，就请他带我到海里去。可是远离街市的桥上没有人来，天也昏暗下来。

第二天一早，幸好早起的年轻地沟鼠过桥，烤鱼试探着求他帮这个忙。

地沟鼠说：“这可不行。路那么远，我连早饭还没吃呢。”

烤鱼没办法，就和地沟鼠约定，让地沟鼠吃掉自己身体一侧的肉；作为交换，地沟鼠把自己送回大海。

地沟鼠吃掉烤鱼身体一侧的肉，然后用长长的尾巴卷起烤鱼的身子拉着走。这天黄昏，总算到了广阔的原野。地沟鼠说：“靠我的力气实在不能把你送到海里了。”说完就把烤鱼丢在原野上，匆匆逃走了。

烤鱼无比悲伤。

次日，一条瘦瘦的野狗从原野经过，烤鱼请求野狗把自己送回大海。

野狗一副居心叵测的样子，死死盯住烤鱼说：“我是两天没吃过东西的野狗，饿得走路都摇摇晃晃，怎么可能把你送回大海呢？不过，也不是不可能，那要看你出什么价钱。”

烤鱼决定把身体另一侧的肉送给野狗，让他把自己送回大海。

野狗美美地吃完秋刀鱼另一侧的肉，叼住鱼头，持续不停地向大海的方向奔跑。

野狗腿细善跑，一路上比预想的顺利得多。但到了一片繁茂的杉树林以后，野狗就放下烤鱼逃之夭夭了。

烤鱼无比悲伤。更可怕的是，脸颊上的肉给了猫，身体两侧的肉给了地沟鼠和野狗，身上的肉都被吃掉，他只剩一副骨架了。下次无论有谁路过，他也无法拿自己的肉换取对方送自己到海里去了。这一天他就在树林里睡下了。夜晚下起雨来，只剩下骨架的烤鱼感到刺骨的寒冷。

天亮时有一只鸟飞过，烤鱼连忙叫住她。“鸟啊，求求你把我送回大海吧。”烤鱼苦苦央求，鸟却不怎么理睬他。

于是烤鱼说自己后背上还多少剩下一点肉可以送给她。

鸟说：“那点肉算什么啊。”

“那我把宝贵的眼睛送给你吧。除了眼睛我可是一无所有了。”烤鱼悲哀地说。

于是鸟用尖嘴来啄烤鱼的眼睛，把两只眼珠都叼走。但烤鱼的眼珠又干又硬根本咽不下去。鸟想，用来做头饰还是可以的。接着，鸟把烤鱼脊背上所有能吃的肉都吃得干干净净。

鸟用有力的爪子抓住鱼的骨架，直向大海飞去。

认为已经飞得足够远了，鸟忽然松开爪子，仓皇离去。幸而下面是长满柔软青草的山冈，烤鱼没有受伤。

烤鱼无限悲伤。

“啊，再也见不到蓝蓝的海水了，我是多么想再看看白帆船啊！”在山冈上，烤鱼像念叨口头禅一样说了又说。忽然，他无意中侧耳一听，在山冈下边，似乎传来波涛轰然拍打海岸的声音；同时，从很远很远的地方传来海潮一点点涌过来的声音。

把眼睛送给鸟的烤鱼已经变成了瞎子，只能听到亲切的涛声，却再也看不见蓝色的海水和点点白帆。当闻到夹杂在海风芳香里的那种海草的气息时，烤鱼不禁在遍地青草的山冈上潸然悲泣。

烤鱼每天都在山冈上凄苦等待，倾听海涛声。

有一天，在不远处拥有城池的蚂蚁王国的队伍绵延通过。烤鱼向队列里最后一只蚁兵讲起自己的身世，请求他带自己到海里去。

蚁兵将事情报告给蚁王。蚁王对烤鱼的身世非常同情，立即传令属下把他送回大海。

什么工兵啦、炮兵啦、辎重兵啦，数千蚁军来搬运。尽管不像鸟呀、野狗呀、地沟鼠之类快速，但蚁军的工作热情饱满，没几天就把他搬到山崖边。

山崖下就是蔚蓝色的大海。想到终于能回归大海，烤鱼高兴得泪水狂流不止。向亲切的蚁兵连连致谢后，烤鱼从山崖上落到大海里。

烤鱼疯狂地在海水里游啊游，但与以前不同，总是感觉身体重得要沉向海底，以致不得不慌慌张张地游来游去。而且海水冷得像针刺一样让他浑身疼痛，盐分强烈地浸透到体内，难受极了。

还有，他什么东西也看不到，只能漫无方向地游。

几天后，烤鱼被海水冲到岸上来。白沙一层层压在他的身体上，很快鱼骨就被掩埋在沙滩里。开始烤鱼还能听到波浪的声音，但沙子越来越重，后来就再也听不到那亲切的涛声了。

# 生命的草原

杨 澜

马塞马拉草原就在眼前铺陈开来，轻柔地起伏，远远与蓝天接壤。

正值旱季，草尖上泛起一片金黄，在夕阳下摇曳。

这棵树就是电影《走出非洲》中，梅丽尔·斯特里普与罗伯特·雷德福野餐的地方。它在一块坡地上，成为四周的制高点。草原上的大树本来就稀少，像这样繁茂华丽的更是难得。极目远眺，成群的斑马、瞪羚、大象、长颈鹿在不紧不慢地进食，它们吃得专注而尽兴，从早到晚不停地咀嚼。

野猪一家三口骄傲地竖起笔直的尾巴，跑着曲线迎接黄昏凉爽的气息；一只孤独的野水牛迈开沉重的步伐，它已经太老了，跟不上年青一代的速度，终于选择离群索居，把最终的命运交给古老的草原，不远处就有两只鬣狗若即若离地游荡。刚才在灌木丛中见到的十几只狮子，此刻应该已经从小睡中醒来，准备发起天黑前的攻击。今天它们的目标会是谁？一切随意散漫，又有条不紊。任何情怀，在这苍茫旷野中都显得单薄稚嫩。

这里的法则以亿万年为计算单位。人类的祖先就是从肯尼亚的草原上第一次尝试着站立起来。没有豹的利爪、野猪的獠牙、羚羊的尖角、河马的重量，他们的生存无时无刻不处在危险之中。在这场物竞天择的大戏中，有谁想到今天的人类已成为繁衍最成功的哺乳动物，甚至成为其他物种最致命的威胁？但是，大自然毕竟有它的底线，人类又怎能为所欲为而不承担相应的后果？

在这生命轮回的大草原上，我有一种回归感，同时又有一种陌生感。大自然的热情与冷静，生命的美丽与尊严，在这一刻让我无语。

# 花果再次创造生命

[美] 迈克尔·波伦
王　毅　译

从前，世界上没有花——稍微精确一点地说，是在两亿年前。当然，后来有了植物，有了蕨类植物和苔藓、有了松类和苏铁类，但是这些植物并不能形成真正的花和果。它们中的一些是无性繁殖，以种种手段来克隆它们自己。有性繁殖是一种相对经过发展的事情，通常与花粉被释放到风中或水里有关。由于一些纯粹偶然的机会，花粉找到了到达这一类的其他成员那里的途径，一颗小小的、原始的种子就产生了。

有花之前的世界比我们现在的世界要沉寂得多，因为缺乏果实和大种子，它不能支撑许多温血的生物。爬虫类动物统治着世界。不管什么时候，只要变得寒冷，生命就会减缓为一种爬行。在夜晚不会有什么事情发生。当时也是一个看起来更为质朴的世界，比起现在来要绿，缺乏花果所能带来的色彩和形状模式（更不必提气味了）。美还不存在，也就是说，事情被观看的方式与欲望毫无关系。

花改变了一切东西。被子植物——植物学家们对那些能够形成花、然后又能形成被包裹住的种子的植物的称呼——在白垩纪出现了，它们以极快的速度在世界上传播。现在，不再要依赖于风或者水到处运送基因了，植物已经可以谋取动物的帮助了。这是一个巨大的共同进化的合同：用营养来换取运送。有了花的出现，各种全新水平的复杂性就来到了这个世界上，有了更多的相互依赖、有了更多的信息、有了更多的交流、有了更多的试验。

植物的进化依据新的动力来进行，这就是不同物种之间的吸引。

现在，自然选择就更为喜欢那些能够固定住花粉传递者注意力的花、那些能够吸引住采集者的果了。其他生物的种种欲望在植物进化中变得极为重要了。道理很简单：那些成功地满足了这些欲望的植物会有更多的后代。美作为一种生存策略出现了。

新的规则加快了进化的速度。更大、更明亮、更甜、更为芬芳，在新的规则下，所有这些品质都很快地得到了回报。然而，专门化也得到了回报。由于一个植物的花粉是被放置在一个昆虫身上来传递的，这就有可能传递到错误的地方去（比如传到那些没有关系的物种的花上去）。这就是一种浪费。所以，能够尽可能地在看和闻上与其他物种区分开来也成为了一种优势。最好是能够掌握单独一种专心致志、愿意献身的花粉传播者。动物的欲望于是就被解析、细分了，植物们则与之相应而专门化。于是前所未有过的花的多样性就出现了，它们绝大部分有着共同进化和美的标志。

花变成了果实和种子，而这些也在地球上再次创造生命。靠着生产糖分和蛋白质来诱惑动物去扩散它们的种子，被子植物就增加了世界上的食物能量的供应，使得大型的温血哺乳动物有可能出现。没有花的话，在没有果的叶子世界里活得很好的那些爬行动物很可能至今还在统治世界；没有花的话，我们可能就不存在。

# 吃醋的榕树

[俄] 别利亚耶夫

不仅宠物会给主人捣乱，连家里养的植物也会使坏。植物“报复”并非罕见现象。同我们人类一样，植物也是生物，也会喜悦、惊恐、同情、反感。土豆被削皮时，会发出叫喊声，只不过其音频人耳无法接收。

生物学家迈森就遇到过植物的“报复”。他家里有一株榕树，他每天精心照料它，一连好几年。结婚时，他已不年轻了。对这株榕树来说，迈森夫人是家里的第三者。没过多久，她就得了以前从未得过的好几种怪病；怀孕后，她得了严重的中毒症。大夫费尽心机也没能保住胎儿。幸好迈森隐隐约约猜到了原委，把榕树移到温室里，夫人的病很快就好了，还生了个大胖儿子。

这是有文献记载的植物“吃醋”的例子。榕树容不得主人分心，就释放只对女主人起作用的毒素。

有个圣彼得堡的妇女，到我认识的一位医生那里看病——她老是无缘无故地情绪低落。原来，她家有一面墙上挂满了紫露草。这种植物尽管同室内景物很相配，但同绝大多数“悬垂”植物一样，容易令人心情沮丧。医生建议她把墙上的紫露草剪短，而且不要让它长得过长，她的情绪就不再消沉了。

榕树和其他某些植物不仅跟人难“相处”，跟猫等宠物也很合不来。

俄罗斯谚语说：屋里养花，男人离家。这有一定道理，因为家里给花草浇水上肥的，一般是女主人，花草就把她同积极因子联系在一起。而男人对花草一般不感兴趣，有时还祸害它们，在花根上摁灭烟头，把花盆当烟灰缸使，引起花草反感。它们当然不会对你骂娘搧耳光，但释放有害化合物是它们的拿手好戏。

有几种仙人掌会释放出生物碱，而大脑对生物碱会有反应，产生嗜酒的念头，因此这些仙人掌可能使贪杯者变成不可救药的酒鬼。西红柿可能成为你失眠的原因，如果你把西红柿植株放在卧室里过夜，又忘了给它浇水，它就会释放“清醒剂”，“提醒”你它渴了。

在居室植物中，对男子最不利的是常春藤，容易加剧失眠的有虎尾兰、常春藤和玫瑰，容易使人心绪平静的有天竺葵和老鹳草。

家里养植物就跟养宠物一样，既然你对它承担了责任，就要照料爱护它，经常对它说些亲切问候的话，让它心绪良好，它就会投桃报李，令你心旷神怡。

# 动物也发“酒疯”

峰　林

非洲当地人有很长一段时间，对草原上时有发生的“恐怖交响曲”感到困惑不解。恐怖交响曲来自那些走路摇摇晃晃、不停地扯着嗓子发出恐怖吼声的狮子。后来有学者推测，是不是狮子酗酒而表现出的一种醉态呢？因为人们观察到，非洲狮喜欢吞食有浓郁气味的多年生草本植物——缬草。为了进一步证实，有人在狮子经常出没的地方，放置了盛满缬草的大罐子。当天晚上，几头狮子果然嗅到缬草的气味，一路追踪过来，并迫不及待地弄开了罐口上的盖子，贪婪地吞食里面的缬草。不一会狮子因缬草在肚里发酵，酒性发作，东倒西歪地走来走去，不顾一切地在草地上翻滚、互相撕咬咆哮，吓得周围的走兽飞禽四处逃窜。

在美国佛罗里达州也生长有一种“醉梅”，是栖息在那里的知更鸟最喜爱的食物之一。可是知更鸟吃多后同样会酒精中毒，飞起来晕头转向，常常撞到树干上。在迁徙季节，吃多了醉梅的知更鸟，常常因此延误适飞的启程日期。

狗熊特别喜食大蒜，见到大蒜，眼睛立即发亮，会迫不及待地用舌头舐食蒜瓣，并用爪子揉压，拼命挤出蒜汁，涂在自己脸上，直到泪流满面、哈欠连天，在地面翻滚打转到睡着为止。黑熊醉酒以后，又是一种模样，它们食量很大，秋季一次能吃下很多野果，接着猛喝一阵泉水，果子在暖烘烘的肚皮内发酵成“果酒”后，所生成的酒精不时刺激着黑熊的头脑，最终使黑熊耍起酒疯，在山林里横冲直撞，把碗口粗细的树木撞断或连根拔起。兴奋过后，它们会一头倒在地上睡一个长觉，刮风下雨都弄不醒。

# 美丽的兽性

刘世芬

2011 年，一只被海上泄漏的石油呛得奄奄一息的小企鹅，漂流到巴西里约热内卢附近的一处海岛渔村，被 71 岁的老渔民 Joao 花了一周时间清洗，活了下来。Joao 明白企鹅是离不开水的，在喂养数月并确定企鹅完全康复后，他拿出几条鱼喂饱了它，并将它放归大海。

然而，老人把企鹅放到海里，它却跟着老人又回到岸上。反复几次之后，老人认为是水浅载不起企鹅，便借了一条船，划到深海区，将企鹅抱下船放到了海里。

“再见了，小企鹅……”回岸的路上，Joao 心里很是不舍。然而，这只企鹅早就先于老人游回了岸上，正因为找不到老人急得团团转。看到老人回来，它摇摆着尾巴尖叫着迎了上去。Joao 没再狠心赶它走，而企鹅也跟老人越来越亲密。

老人没有亲属子女，自从有了企鹅，企鹅就成为家庭一员，老人为它取了名字 Dindim，Dindim 也像对待老朋友那样跟 Joao 热络着。于是小小的渔村里出现了奇特的场景：别人遛狗，Joao 走在路上时，身后却跟着一只大摇大摆的企鹅……当大西洋的季风吹来的时候，这两个老伙计已经共处了 11 个月之久。这期间，企鹅褪了毛，在长出新的羽毛后，突然不见了。

Joao 以为这只可爱的企鹅永远离开了。第二年 6 月，它却回来了。根据企鹅世界的生存定律，企鹅们本该聚在一起，前往共同的目的地繁衍后代，但 Dindim 却选择放弃同伴，万里迢迢赶回来陪伴这位古稀老人。它准确无误地找到了 Joao 的住所，用带着海腥味的嘴亲吻老人，黏着老人，蹭鱼吃。

此后 5 年，企鹅每年 6 月来，次年 2 月离开，到阿根廷、智利附近海域繁殖，周而复始。生物学家做过精确计算：麦哲伦企鹅的聚居地位于南美洲南端，从距离上估算，它每次为了见到 Joao，要游至少 5000 英里（约 8000 千米）。一路上，它要克服疲惫和疾病，躲过海豹、鲸鱼等天敌。它就这样远涉重洋，年复一年，只为与它生命中的恩人相聚。在小企鹅的世界观里，Joao 值得它跋山涉水去致谢。

老人的双手布满大片的白癜风，青筋鼓胀，企鹅那黑白相间的小身体娇柔地依偎在老人胸前，安详，平静。他们的身后是一间破旧的屋子，没有院子，屋前的地面泥泞不堪，挂满渔网，但我相信，这里是企鹅最温馨的伊甸园。在一张老人与企鹅亲吻的照片上，老人穿着脏旧的条格衣衫，头发花白，赤脚，阳光把他晒得黝黑，他已经微微驼背了……可是怎能否认他在企鹅眼里是健美无比的呢！这是一种比亲情还美的情感。

生命如此短暂。人类只顾伤心、争吵，斤斤计较，而老人与企鹅，他们比谁都明白要抓紧时间去爱。这只憨笨的小兽，给人类上了怎样的一课?

时光荏苒，人们担心着两件事：老人等啊等，企鹅却再也没出现；企鹅来到老人所在的渔村，找啊找，却再也找不到老人……我再难抑久蓄的泪水。

但我又相信，一个人如果真心在等着什么，那么这个人一定是不会随便从这个世界消失的。

# 人类对动物自以为是的认知

子　刚

老鼠喜欢奶酪、鲨鱼从不睡觉、猫有九条命、大象害怕老鼠……关于动物有很多传统说法，可是经过科学家研究发现，很多说法并不正确，甚至纯粹是无稽之谈。

1. 老鼠喜欢奶酪

《猫和老鼠》的制作人肯定搞错了，老鼠不喜欢奶酪。曼彻斯特都市大学的研究人员最近发现，这种啮齿类动物其实更喜欢富含糖的食物，如巧克力。老鼠的天然食物主要由谷物和水果组成，这两种都富含糖类。该大学资历较深的心理学家大卫·霍姆斯博士说："老鼠对食物的气味、结构和味道都有反应。奶酪是一种在它们的自然环境中所没有的食物，所以它们不会对奶酪有反应。"

2. 鲨鱼从不睡觉

以前，大家都普遍认为鲨鱼从不睡觉。据佛罗里达州自然历史博物馆的记载，白鳍鲨、虎鲨和大白鲨其实是睡觉的，它们是白天睡觉，晚上出来活动。其他种类的鲨通过气孔，迫使水通过腮，提供稳定的富氧水，让它们在静止不动时可以呼吸。支配游水的器官——中央测试信号发生器位于脊髓，它让鲨鱼可以无意识地游泳。但因为鱼没有眼睑，所以无法判断鲨鱼是否在睡觉。

3. 金鱼很健忘

普利茅斯大学的研究人员训练金鱼压杠杆来获取食物。有一次，科学家们训练金鱼 1 个小时后，它们就记住了。

4. 海豚很聪明

最新研究显示，有鳍形肢的海豚应该是个相当聪明的家伙，但它不是典型的同类水栖哺乳动物。位于约翰内斯堡的威特沃特斯兰德大学学者马上提出，海豚并没有那么聪明，不可能参加任何大学挑战赛。

海豚大脑主体多数是由神经胶质细胞或支持细胞构成的，而不是直接关系到智力的神经细胞。大脑的神经胶质只能在寒冷水域中起调节脑部温度的作用。

5. 猫不会游泳

从欧亚大陆的干旱地区进化而来的猫和水没有天然的联系。在埃及沙漠发现了最早的家猫。

然而，有研究显示，从小猫时期就让其接触水的话，它们会非常高兴地涉水前行。在野生猫里，有些依靠水生存。在尼泊尔、印度和中国也能找到孟加拉 mach-bagral 猫，就是众所周知的“游泳猫”。

在进化过程中，它已长出格外长的爪子用来帮它抓鱼。

6. 猫有九条命

美国防止虐待动物协会已努力游说议员们清除有关猫能毫发无损地从高处落下的荒诞说法。专家们设计了新的短语“高楼综合征”，用以解释这些过于自信的宠物们为什么从高处坠下时会受伤。然而，虽然猫确实具有“正位反射”的能力，它们可以在几乎一瞬间的工夫旋转，而保持身体的平衡，但猫保护联合会报告说，在猫坠落窗台导致的受伤中，最常见的是下巴和骨盆断裂。

7. 狼总对着月亮嚎叫

狼在伴侣死后，对月长嚎的故事很悲惨。研究表明，狼嚎叫有几个原因，但没有一个是受月亮感召的。它们这样做一是为了显示在狼群中的级别。低级别的狼群成员可能会因参与“嚎叫”受到惩罚。二是为了在猎食之前和猎食过程中召集狼群。有人称，狼会在孤独和高兴的时候嚎叫，即使两种嚎叫声听起来一样的凄惨，但每只狼都有自己独特的嚎叫声。它们对着月亮嚎叫的说法还需要证实，一种推测是狼在月光皎洁的夜晚会更活跃，所以叫得更欢。

8. 发情期的野兔也疯狂

在英国乡下流传的传说中，野兔拥有很高的地位。它那难以捉摸的古怪行为在春季尤为显著。但飞速追赶、暴跳和假装“拳击”与疯狂没有任何关系。据哺乳动物协会介绍，这是野兔一种奇特的发情期行为。雄性野兔赶跑情敌，雌性野兔会“教训”对它过分友好的异性。

这种“疯狂行为”不仅仅只发生在 3 月。从 2 月到 9 月都是野兔的发情期。

9. 蜉蝣只能活一天

蜉蝣绝对能活两年，蜉蝣蛹在河岸蛰伏两年，通过微小的腮来呼吸，以小型动植物为食，之后才能拥有单薄的羽翼，汇聚成夏日一道壮观的风景。它们在傍晚配对，几个小时后产下“爱情的结晶”。到早上的时候，多数蜉蝣会死去，但有些能坚持活到48小时。在英国，有46种蜉蝣。

它们一般出现在夏季早期，但到了8月也能看到它们的踪影。

10. 大象害怕老鼠

当然不是这样。无论是圈养的还是野外的大象，对老鼠早已是司空见惯，毫无惧怕之意。除了人之外，健康的成年大象面临的敌人很少，它们只会对不熟悉的情景和声音感到害怕。这被认为是大象害怕老鼠的根本原因。在古罗马时期，当大象被当作作战工具时，它们因惧怕猪的嚎叫声而逃走。这才产生了关于大象害怕老鼠的传说。

# 末日狮子王

英国那些事儿

狮子作为草原之王，在人们心里似乎永远都是威风凛凛的样子。然而最近一位摄影师却拍摄下一头迟暮狮王的没落和生命的终结。这位摄影师名叫拉里·潘内尔，他去过的国家已经达到72个，平常的爱好就是用镜头记录生活中的点点滴滴。

这次，他来到南非想拍些狮子的照片。和他同行的是另一名狂热摄影师，也是拉里的私人向导。

那天早上天色阴沉沉的，这让拉里的心里有点莫名的失落。可是那天他们的运气还不错，先后两次遇到狮群。

就在他们拍完狮子打算拍些别的动物的时候，他们竟然又一次遇见了狮子！二人既惊喜又疑惑：为什么在象群出没的地方会有狮子呢？还是独自行动!

然而当他们把镜头拉近时，眼前的景象让他们震惊了：喝完水，狮子挣扎着站了起来，很明显有点力不从心。它浑身上下没有一点肉，瘦得皮包骨头。它就像喝醉了一样走路摇摇晃晃，而且没走几步就得停下来喘喘粗气，脖子甚至都没有足够的力量支撑它抬起头来。走了几步后，它实在挪不动步了，打算就地休息。它慢慢地放下了自己的后腿，但随着力气的耗尽，它前半段身体一下子就摔倒在地面上。它趴在地上喘着粗气，很明显，它的时日不多了。

此情此景中的狮子，和在水池旁嬉戏打闹，时不时开心吼叫的象群形成鲜明对比。

其中一头成年象例行巡逻。可能因为那头狮子实在太过瘦弱了，所以它趴下的时候那头成年象根本没有看见它。在快要踩到它的时候，成年象很明显被吓了一跳，耳朵竖起，来回扇动，并且向后连退几步，还大声吼叫了几声。

雄狮可能实在没有力气了，所以并没有马上挪动。然而成年象可没有那份耐心，急匆匆地就朝它冲了过来。在雄狮年轻的时候，它可能会拼一把，最起码得吼上一两嗓。但现在，它连吼的力气都没有了。它踉跄着站起来，跌跌撞撞地消失在拉里与向导的视野中。

等到象群离开了，拉里他们才出发寻找刚刚那头老年雄狮。很快，在不远处他们就找到了它：它侧身躺在草地上，完全无法动弹，这时拉里他们离这头雄狮只有 1.5 米。

很明显雄狮看见他们了，它瞳孔骤然收缩了一下，但它无力起身。眼前的场景不禁让拉里放下了手中的相机，他第一次用自己的双眼直视着雄狮，而雄狮也目不转睛地盯着他。渐渐地，雄狮的呼吸开始变得虚弱，胸脯的起伏平缓下来，它的瞳孔开始逐渐扩大。

最后，随着最后一次耳朵的转动和最后一次呼吸，它慢慢闭上了眼睛。它走了。

雨还在淅淅沥沥地下着，打在它的鬃毛上，也打在拉里的心里。这一刻，拉里终于明白了早晨起来的那股失落感，无法言表，只能静静地看着这一切。这头雄狮曾在南非克鲁格国家公园傲视群雄，统治多年。

这次意外的经历让拉里感到无比震撼："多年来，我拍摄过很多人，其中有些人刚刚经历过地震、火灾、泥石流，有些人受了重伤，有些人得了重病。然而我从来没有拍摄过一个如此美丽威仪的动物。我看到一个真正的王就此陨落，我永远不会忘记它。"

# 老鼠的梦

张　雁　陈　纹

美国科学家马休·威尔逊最近宣称，他已弄清楚他实验室里的老鼠在梦中想些什么。

他的实验方法是，把微电极置入实验鼠脑的海马区（海马区是专门负责记忆和学习的脑区），然后训练这些老鼠绕环形跑道奔跑，在奔跑中对它们的大脑神经元放电进行监测。

同样，在晚上老鼠入睡以后也对其进行监测。

实验结果发现，尽管老鼠入睡的神经元放电模式与老鼠奔跑时的放电模式不尽相同，但可以肯定前者显然是基于后者的。也就是说，老鼠的夜梦内容是基于其日间生活中所经历的平凡小事。威尔逊的实验甚至可以测出在梦里老鼠跑到什么地方了。

人做梦时梦到的多半是自己经历了的事情，可以是很久以前的事，也可以是近期发生的事。威尔逊据他的实验推测，鼠梦也许和人梦一样，它们梦中所现的事件也是它们仅有的经历的再现。

那么，老鼠在梦里都做着些什么呢?

## 布朗尼的复仇梦

一次，研究人员用一只老练的实验鼠——布朗尼进行实验，发现从它大脑中记录下的夜间的神经活动模式与白天的完全相反。研究人员对此感到困惑：为什么在布朗尼梦中测到的神经活动形式与在醒着时测到的完全相反呢? 后来一位著名的啮齿动物心理学家对此作了一个合理的解释：布朗尼——这只被人当作科学拳击的吊袋的老鼠，决定反转来控制它的饲养人，所以它有意识地改变了自己大脑神经的活动模式——做起了复仇的梦。在布朗尼的梦境里，它才是身穿实验服的主人，以科学的名义，随心所欲地迫使那些不幸的人们表演愚蠢的杂技，所以它每天晚上都梦到各种稀奇古怪的新实验。由于布朗尼的原因，一个新的病理学词汇进入了啮齿动物诊断学的词典——迷宫中的愤怒。

## 吃药的 762-A

762-A 号老鼠是另外一种类型的老鼠，它生于贫民窟，被父母抛弃，以残汤剩羹为食，永远在忙碌奔跑中求生。为了躲避同伴，它变成了一个逃避者、孤独者、隐士。它的卫生习惯比一般老鼠差得远，并且它还懒散、缺乏食欲。是什么在折磨着 762-A 呢? 三个晚上的梦迹跟踪，提供了戏剧性的线索。在一个梦里，762-A 发现自己孤独地待在一片黑暗之中;在另一个梦里，它饥饿难耐，却在一堆爬满蛆的食物面前退缩不前;

刘 宏 | 图

在又一个能引发强烈惊骇的梦里，762-A 身上的电极脱落。它从排水管上滑落下来后，正好碰到另一只老鼠。显而易见，762-A 是一只绝望的啮齿动物。幸运的是，一种抗抑郁药物改变了 762-A 的状况，现在它已经把抑郁症状完全抛在脑后，它的梦充满了幻想和狂放的欢宴。它梦到自己跟随同伴一起爬摩天大楼，看谁爬得快——当然它赢了。

## 弗朗索瓦的味觉

弗朗索瓦是一家巴黎海鲜餐馆的老鼠，当研究人员对它的梦进行分析时，他们大吃一惊：这只老鼠居然能破译人类的语言。每天晚上从弗朗索瓦的大脑海马区传出的信息，都表明他在做同样的梦——吃、吃、吃！而且食物都是同样的东西——一大碗法国烂肉菜糊。

法国一位著名的分析人员说：这只老鼠本该很容易做上一个吃龙虾、吃舌鳎鱼、吃嫩小章鱼的梦，可奇怪的是它只梦到了吃烂肉菜糊。是不是这个地下世界的“居民”受到了某种形式的词语暗示呢？弗朗索瓦听到过上千个词汇，都是来自服务员报菜名时的叫喊。

这位分析人员认为，弗朗索瓦已经学会了区别词与词的不同，通过对语音的分辨，它想到只有一道菜是为它准备的，那就是烂肉菜糊。后来，研究人员果真为它端来这道菜，弗朗索瓦猛吃了一口，立即又把它吐了出来。从那以后，弗朗索瓦就再也没有梦到过烂肉菜糊了。

## 夏娃的辉煌夜晚

夏娃是一只雌性白鼠，住在一家废弃了的百老汇大剧院里。当研究人员把它从它那位于破旧幕布堆里的“家”中捡出来后，着实吃了一惊——环境竟能如此深刻地“修正”遗传。一只生活在杂物堆放处、吃着食物残渣、很少见阳光的老鼠，通常应该梦到一处房租低廉的住处。但夏娃却没有梦到这些，而是梦到它的笼子四周披挂上了漂亮的丝带，扎着一束束鲜花。它还梦到自己成了鼠群中耀眼的女王，无论走到哪里总是有聚光灯闪耀着。

在无数个漆黑的夜晚，它还梦到了自己头朝下地扎进了一个瓶子里，大口大口吃药丸。

夏娃的梦是一个明显的证据——老鼠的行为在很大程度上受到环境的影响。由于浸润在剧场文化的氛围里，夏娃也感染了浮华气氛，并用这种气氛来认知自己，在梦里效仿着这种浮华。这只普通老鼠不再把自己看成是一只鬼鬼祟祟的无名鼠辈，而认为自己成了百老汇的女明星。

有人认为威尔逊的实验很有趣，但老鼠也会做梦的观点则有些好笑，甚至“有辱斯文”。弗洛伊德把人类的梦变成了神圣的文本，甚至创造了梦的解析，而偷偷摸摸、令人憎恶的老鼠居然也和我们一样能做梦，不就证明了我们长期以来的一个担忧——人与鼠的共同点远比人愿意承认的多得多吗?

# 一滴雨中的水声

马　德

## 一

在非洲，有一种叫黑鹭的鸟，它捕食的方法很特别。它的特别之处在它的翅膀，站在水中，它翅膀张开来，围成一圈，围成伞的形状，然后头蜷缩在伞当中，而尖锐的喙静等猎物的出现。

开始，我很为黑鹭这种掩耳盗铃的捕猎方式而好笑。

恰巧是那些小鱼和小虾，喜欢往岸边水浅而又阴凉的地方去，比如树阴下或者高大水生植物的阴影里。

于是，这些黑鹭静静地等着，一条小鱼来了，又是一条，钻进它的“阴凉”之下。它用这种几近守株待兔的方式就能“坐等”着猎物送上门来。

那些小鱼于是便只有死路一条了。

生活中，有些习惯常常是致命的。有时候我们失败了，甚至败得一塌糊涂，也并不是败给了谁，而是败给了我们某种习惯的思维方式或者性格中的某种习惯倾向。

二更

多的时候，我爱看蚂蚁在地上急匆匆地奔走。

有一次，见一只蚂蚁拖动着一条昆虫的尸壳在艰难地上一面“大坡”，它横着竖着，推着拉着，变换了多种方式，就是上不去。

但它依旧不屈不挠不肯放弃。

这是条不错的昆虫，如果拉回去，肯定可以够蚂蚁一大家饱餐几天的。于是，我决计帮它，上去就把那条已死的昆虫撕成了两截。

本来，我想以人的聪明去帮它一把，结果蚂蚁看我把虫子撕成了两半，掉转身体就匆匆地离去。或许蚂蚁原来是想以自己的弱小之躯，去试图征服一些东西。和蚂蚁一比，我们多的不是聪明，而是狡猾。

三还

有一种叫剪嘴鸥的鸟，它的喙上边的一半短些，下面的一半长些，像一把剪刀。

捕鱼的时候，它一边贴近水面飞翔，一边把下面的一半喙伸到水中。如果碰到或者看到鱼，它便迅捷地合下上面的一半喙。

但这样常常是很危险的。如果不幸撞上隐在水下的礁石或其他的硬物，高速飞行的它会因为来不及收回，而使下面的一段喙生生折断。

但剪嘴鸥的家族没有因此而放弃自己的捕猎方式。

或许它们明白，生活中注定是要付出代价或者做出牺牲的，没有谁能够毫不付出地把一生走完。

生活的法则永远都是：想得到必须首先付出。

# 狼羊同笼的启示

沈石溪

圆通山动物园这两年经济不景气，财政拨款有限，物价部门死卡着不让门票涨价，又无钱购进有趣的新动物，游客越来越少。园领导号召全体员工献计献策，开辟新鲜的游览项目，以招徕游客、增加收入。

负责食肉兽研究和饲养工作的依腊娇提出把一匹狼和一只羊关到同一只铁笼子里。依腊娇是个思维很活跃的现代女性，喜欢别出心裁。开始，大家都摇头，指责这个主意太荒唐，万一狼当着游客的面把羊给吃了，会造成不良的社会影响。但依腊娇坚持说她可以用缴风险抵押金的办法担保她养的狼不会吃掉羊。园领导病急乱投医，竟然同意让依腊娇试试。

依腊娇挑选的狼名叫黑泡泡，光听这名字就知道是个披着一身灰黑色狼毛，肥头肥脑的家伙，刚满一岁，它的父亲和母亲都出生在动物园的兽笼里，它已是动物园里成长起来的第三代狼了，别说吃羊了，就连活羊都没见过，而用来进行狼羊同笼实验的羊，是专门派人到市郊西山一位羊倌那儿借来的一只小绵羊，绒毛曲卷，除了两只黑色的眼珠子和一对琥珀色的犄角外，浑身雪白，我们就叫它一团雪。

当我们把一团雪推进笼子时，黑泡泡不仅没有张牙舞爪地扑上去撕咬，反倒惊慌失措地逃到窝巢后面，缩在角落里不敢出来，望着依腊娇呜呜哀叫，好像在说："这是什么怪东西呀，头上还长着两支角，真可怕，我害怕！"倒是一团雪胆子还大些，咩咩叫着在笼子里跑来跑去。

直到第二天中午喂食时间，依腊娇拿着生肉在食槽前大声吆喝，黑泡泡这才战战兢兢地从窝巢后面的角落里钻出来，贴着墙基小偷似的一溜烟跑过来，一面吞咽生肉，一面斜起细长的眼睛惴惴不安地望着一团雪，一只花苍蝇爬在一团雪的嘴吻上，一团雪打了个响鼻，黑泡泡立刻停止咀嚼，摆出一副随时准备逃窜的架势……三四天后，黑泡泡才敢走到笼子中央和一团雪站在一起。

开始时，一团雪出于食草动物对食肉动物一种天生的畏惧，不敢靠拢黑泡泡。但一个星期后，它大概闻惯了黑泡泡身上那股怪异的狼气味，陌生感慢慢消失，又见黑泡泡丝毫也没有加害自己的意思，畏惧感也日渐淡化。

两个星期后，它们便彼此认同，不仅不再互相害怕和回避，还厮混在一起玩耍。它们比两匹狼在一起或两只羊在一起相处得更为和睦友好。两匹狼在一起或两只羊在一起，有时还会为了抢夺食物发生争吵，会为了占有更舒适些的窝打架斗殴，而它们之间，没有任何利害冲突，黑泡泡吃肉，一团雪吃草，把一团雪的草料白送给黑泡泡它也不会要，同样，把黑泡泡的肉块免费请一团雪品尝它也不稀罕。睡觉也一样，黑泡泡喜欢钻到黑黢黢的洞形的窝里去睡，而一团雪习惯在空旷的笼子中央席地而眠，谁也碍不着谁。它们从没为食物和窝巢的问题红过脸。

在一般人根深蒂固的观念里，狼代表邪恶，羊代表善良，是水火不能相容的两极，是敌我矛盾的典型表现。可突然间，却看见恶贯满盈的狼和天真无邪的羊并排而立，真要怀疑自己的眼睛是否出了毛病。游客们惊讶赞叹，纷纷掏出相机，摄取这一奇异的镜头。孩子们更是觉得新奇有趣，抢着在笼子边摄影留念。不善思考的游客嘻嘻哈哈看稀罕看热闹，善于思考的游客在笼子前徘徊沉思，或许他们通过狼羊同笼这一镜头，联想到了世界和平这一重大而又深刻的主题……

真正是门庭若市，观者如云，生意兴隆。

然而好景不长，省里一位很有头脑的领导知道这件事后，在报告上批了这么一句话：

有悖伦理纲常，建议取消这种哗众取宠的做法，动物园只好忍痛割爱，把一团雪从狼笼里请出来，送回到市郊西山羊倌那儿。

分别那天，情形着实感人，当我们把一团雪往笼外拉的时候，它犟着脖子，咩咩叫着，不愿离开。黑泡泡也哀哀地嗥叫着，要来咬我们的手，想阻止我们把它们拆开。我们费了九牛二虎之力好不容易把一团雪拉出了笼子，它趁我们锁铁门之际，挣脱绳索，奔到笼子前，两只前蹄踩在铁丝网眼上，向笼内的黑泡泡咩咩叫，黑泡泡立刻凌空起跳，蝙蝠似的飞贴到笼壁上，呜呜地嗥，大灰狼和小白羊隔着铁丝网眼，泪汪汪地凝视……约半个月后，传来噩耗，一团雪在山上被狼吃掉了。据羊倌说，那天阳光明媚，午饭后，他把羊群吆喝进西山一条荒草沟，他自己则在山顶一棵孔雀杉下打盹。突然，他听到山下传来羊惊慌的咩叫声，一看，山沟里钻出一匹小牛犊似的大灰狼，企图袭击羊群。当时，狼离羊约有两百多米，羊群发现得及时，已拔腿朝山上奔逃，只要别慌张绊倒，是可以逃脱大灰狼的追捕的，羊倌也来得及下山去营救。就在这时，发生了让放了大半辈子羊的老羊倌目瞪口呆的事，一团雪不仅没跟着羊群一起逃，反而转过身去，踏着欢快的步子，迎着大灰狼跑过去……第二天，村里两位樵夫在一个荒僻的山洞里发现了一团雪的尸骸，只剩下一张羊皮几块骨头了。

毫无疑问，一团雪弄不清动物园的狼和野外的狼根本是两码子事。那段特殊的经历愚弄了它，害了它。它幼稚的羊脑袋根本无法想象，人们出于某种需要，会扭曲事实，会偷梁换柱，会张冠李戴，会偷换概念，会制造假象，会撒下弥天大谎。从本质上讲，世界上所有的狼都是凶恶残忍的，都是杀羊不眨眼的刽子手，但聪明人就是有办法给你找出只不吃羊的狼来，你如果表示怀疑，好，我就把狼和羊圈在一起，让狼和羊相亲相爱，不由得你不相信世界变了，果真有与羊同乐的狼菩萨了。特别是像一团雪这样年轻单纯没有多少生活阅历缺乏常识而又自以为是的一岁龄的小绵羊，是极容易被假象蒙骗的。

# 动物的政治学

纳塔莉·安吉尔

为实现入主白宫的雄心，美国的总统候选人想方设法运用各种政治手段和谋略。要么穿上橙色的猎手外套，以显示自己是个硬汉；要么用面巾纸频频擦拭眼泪，来表露自己的恻隐之心。为适应不同群体的利益需求，政治家们需要做出相应的姿态、采取得当的策略。概而言之，人类是一种典型的政治动物。

然而，研究高等群居性动物的专家们最近发现，猕猴、狒狒、大象等动物都热衷于一种类似人类的复杂的“政治”活动。在这些动物种群当中似乎也存在一个范围广泛的大型社交网络。

## 猕猴的群体政治

芝加哥大学灵长类动物学家达里奥·马埃斯特里皮耶里发现，他研究的恒河猕猴与人类面临的困境有着惊人的相似：“复杂的社会关系是人类成功的根基，但同时也是麻烦之源。纵观历史，人类面临的最大麻烦是其他人制造的，猕猴也同样如此。无论你把它们放在何处，它们最主要的问题也总是和其他猕猴相关。”

“人类争斗并非为食物、空间或者资源，他们是为权力而斗。”

马埃斯特里皮耶里感慨地说，“有了权力与地位，就能控制所要的一切。猴子也是如此。”

分布于亚洲多国的恒河猕猴是群居动物，往往由三十余只猕猴组成一个小社会。雌性恒河猕猴的社会地位往往是由其母亲的地位决定的，而雄性恒河猕猴为确立地位就得打斗、撕咬、阻挡外敌以及行贿，最重要的一点，要依靠结盟。马埃斯特里皮耶里说：“猕猴间的打斗从来都不是一对一的事情。任何时候，它都涉及其他猕猴。胜利的关键在于有多少盟友站在你这一方，你的群众支持度有多广泛。”

雄性恒河猕猴争取猴群支持率最常用的手段是拍马屁与见风使舵。

拍马屁的具体手段包括：跟朋友坐得尽可能近一点，帮助目标对象梳理毛发，为其他猕猴提供帮助。不过，这种帮助是有条件的。马埃斯特里皮耶里说：“恒河猕猴是典型的机会主义者。它们总是装出一副乐于助人的样子，但实际上只对成年猴伸出援手，从来不会管未成年的猴子。它们往往只帮助那些地位比它们高的猴子，从来不理睬地位低的猴子。帮助打架时也从来只帮助眼看就要得胜的那方，并且只在自己受伤概率很小的时候才会出手。总而言之，它们从来只会以最小的代价获得最大的利益。”这一策略与人类社会的情形不谋而合。

## 象群的“母权制”

据人们迄今为止的观察，在所有哺乳动物中，有着近似于人类寿命长度的大象拥有最复杂的社交网络结构。大象超群的记忆力似乎也与这一点相吻合。加州大学伯克利分校的大象专家乔治·威特迈耶博士说：“象群是靠‘母权制’来维系的。一个象群往往由10头大象组成，领头的是年龄最老的母象。象群几乎所有时间都在一起，它们一起远足觅食，一起停下来掘地找水，一起寻找新的栖息地。因而，它们总是在制定决策，时常在为觅食、水源和安全问题而展开激烈争吵。

你在野外能清楚地观察到这一点，你分明能听到大象发出‘哼哼’的抗议声。但一般来说，领头象拥有最终决定权，一旦领头的母象最终拍板做出决定，整个象群也会遵从这一决定。如果派系分歧实在太大，那么象群就会分散开一阵子，一段时间之后再聚到一起。”

在象群中，年龄和资历意味着特权。上了年纪的母象哪怕不是象群中个头最大的，也会得到充分的尊重，比如说可以挑最好的睡觉场所，吃最好的食物。当然，地位高也意味着责任大。一旦与其他象群发生冲突，或者遇上食肉动物，领头的母象就得冲锋陷阵，而这，有时就意味着付出牺牲的代价。

# 编后记

科技是国家强盛之基，创新是民族进步之魂。科技创新、科学普及是实现创新发展的两翼，科学普及需要放在与科技创新同等重要的位置。

作为出版者，我们一直思索有什么优质的科普作品奉献给读者朋友。偶然间，我们发现《读者》杂志创刊以来刊登了大量人文科普类文章，且文章历经读者的检验，质优耐读，历久弥新。于是，甘肃科学技术出版社作为读者出版集团旗下的专业出版社，与读者杂志社携手，策划编选了“《读者》人文科普文库·悦读科学系列”科普作品。

这套丛书分门别类，精心遴选了天文学、物理学、基础医学、环境生物学、经济学、管理学、心理学等方面的优秀科普文章，题材全面，角度广泛。每册围绕一个主题，将科学知识通过一个个故事、一个个话题来表达，兼具科学精神与人文理念。多角度、多维度讲述或与我们生活密切相关的学科内容，或令人脑洞大开的科学知识。力求为读者呈上一份通俗易懂又品位高雅的精神食粮。

我们在编选的过程中做了大量细致的工作，但即便如此，仍有部分作者未能联系到，敬请这些作者见到图书后尽快与我们联系。我们的联系方式为:甘肃科学技术出版社(甘肃省兰州市城关区曹家巷1号甘肃新闻出版大厦，联系电话：0931-2131576)。

丛书在选稿和编辑的过程中反复讨论，几经议稿，精心打磨，但难免还存在一些纰漏和不足，欢迎读者朋友批评指正，以期使这套丛书杜绝谬误，不断推陈出新，给予读者更多的收获。

丛书编辑组

2021年7月